HITE 7.0 软件开发与应用工程师

Linux 入门与实践

陕西机电职业技术学院

河南水利与环境职业学院　　　编著

武汉厚溥数字科技有限公司

清华大学出版社

北　京

内 容 简 介

本书全面覆盖了 Linux 系统的基础知识，包括 Linux 的发展史、系统安装、用户和用户组管理、文件和目录权限设置、Vim 编辑器的使用、Shell 脚本编程等关键内容。通过任务驱动、知识详解与实例操作相结合的方式，帮助学员掌握 Linux 系统的日常维护、网络配置及权限安全管理等实用技能。此外，本书还着重培养学员的法律意识、安全意识和团队协作能力，为其后续深入学习 Linux 运维、嵌入式开发等方面的知识奠定坚实基础。

本书内容丰富、结构清晰，具有很强的实用性和可操作性，可作为高等院校计算机相关专业的教材，也可作为 Linux 初学者的自学用书。

图书在版编目(CIP)数据

Linux 入门与实践 / 陕西机电职业技术学院, 河南
水利与环境职业学院, 武汉厚溥数字科技有限公司编著.
北京 ：清华大学出版社, 2025. 7. -- (HITE 7.0 软件开发
与应用工程师). -- ISBN 978-7-302-69562-2
  I. TP316.85
  中国国家版本馆 CIP 数据核字第 2025R6C990 号

责任编辑：刘金喜
封面设计：王 晨
版式设计：思创景点
责任校对：成凤进
责任印制：沈 露

出版发行：清华大学出版社
　　　　　网　　　址：https://www.tup.com.cn，https://www.wqxuetang.com
　　　　　地　　　址：北京清华大学学研大厦 A 座　　　　　邮　　编：100084
　　　　　社 总 机：010-83470000　　　　　　　　　　　邮　　购：010-62786544
　　　　　投稿与读者服务：010-62776969，c-service@tup.tsinghua.edu.cn
　　　　　质 量 反 馈：010-62772015，zhiliang@tup.tsinghua.edu.cn
印 装 者：三河市人民印务有限公司
经　　销：全国新华书店
开　　本：185mm×260mm　　　　印　　张：13　　　　字　　数：261 千字
版　　次：2025 年 8 月第 1 版　　　印　　次：2025 年 8 月第 1 次印刷
定　　价：58.00 元

产品编号：108362-01

编 委 会

主　编：

　　高　赋　黄向宇　崔　轶　阎　栋

副主编：

　　付比鹤　魏　露　田新春　李隗优　李　阁

编　委：

　　严　鑫　张熙铭　冯振刚　徐　飞　赵刚刚
　　王默涵　苏　莹

前　言

在当今这个信息技术日新月异的时代，Linux 操作系统以其开源、稳定、高效和灵活的特性，逐渐成为服务器领域的主流操作系统之一。无论是在云计算、大数据、人工智能等前沿技术领域，还是在企业日常运维和服务器管理中，Linux 都扮演着举足轻重的角色。因此，掌握 Linux 操作系统的基础知识和实践技能，对于现代 IT 从业者来说至关重要。

本书旨在为广大 Linux 学习者提供系统、全面、实用的知识内容。通过对本书内容的学习，读者可以从零开始，逐步掌握 Linux 操作系统的核心技术和最佳实践，为后续深入学习和职业发展打下坚实的基础。

本书采用任务驱动式教学法，将每个学习单元都设计为多个具体的学习任务。每个任务中主要包含"任务描述""知识学习"和"任务实现"三个核心环节，以及"素养园地""单元小结"和"单元自测"三个辅助环节，确保读者在实践过程中深化对 Linux 操作系统的理解，提升解决实际问题的能力。

本书共分为 9 个单元，涵盖了 Linux 操作系统的基本概念、文件管理命令、计算机硬件组成部分、用户管理与文件权限、软件包管理、Vim 编辑器和 Shell 编程、Shell 函数等内容。

第一单元"部署虚拟环境安装 Linux 系统"介绍了 Linux 操作系统的安装和配置方法，以及常见 Linux 发行版的特点和优势。通过对这些内容的学习，读者可以初步了解 Linux 操作系统的安装过程和基本配置。

第二单元"初识 Linux 系统概念及命令"深入讲解了 Linux 系统的基本概念和常用命令，包括内核、终端、Shell、文件系统、用户和权限、程序库、网络，以及包管理器等核心内容，为后续的学习打下坚实的基础。

第三单元"常用文件管理命令"详细介绍了 Linux 系统中文本文件编辑命令和文本目录管理命令。这些命令是 Linux 系统中进行文本处理的基本工具，掌握它们可以大大提高工作效率。

第四单元"计算机硬件组成部分"虽然篇幅较短，但为读者提供了计算机硬件的基本概述，有助于读者更好地理解 Linux 操作系统与硬件之间的交互关系。

第五单元"用户管理与文件权限"是 Linux 操作系统中非常重要的一个部分。本单元详细讲解了 Linux 系统中的用户和用户组管理、文件和目录的权限控制机制，以及 SUID、SGID 和 SBIT 特殊权限的设置方法。掌握这些内容对于保障 Linux 系统的安全性至关重要。

第六单元"Linux 软件包管理"介绍了 Linux 系统中软件包的管理方法，包括使用包管理器进行软件的安装、升级、配置和删除等操作。通过学习本单元内容，读者将更好地管理 Linux 系统中的软件包，提高系统的稳定性和可靠性。

第七单元"Vim 编辑器和 Shell 编程"是本书的重点内容之一。本单元首先介绍了 Vim 编辑器的使用方法和技巧，然后详细讲解了 Shell 脚本的编写方法和流程控制语句。通过学习本单元内容，读者将能够编写简单的 Shell 脚本，实现自动化工作。

第八单元"Shell 函数"进一步扩展了 Shell 编程的知识，介绍了函数的定义、调用方法、参数的传递和读取、返回值的处理，以及递归函数等概念。掌握这些内容将帮助读者编写更加复杂和高效的 Shell 脚本。

第九单元"项目案例"是本书的收尾部分，通过模拟企业真实业务场景，指导读者运用所学知识完成 Linux 服务器的部署和配置任务。这有助于读者将理论知识与实践相结合，提升解决实际问题的能力。

本书通过系统、全面、实用的内容设计帮助读者快速入门并掌握 Linux 操作系统的核心技术和实践技能，不仅适合作为高等院校计算机相关专业的教材，同时也可作为 Linux 初学者的入门读物。相信在本书的指导下，读者能够在 Linux 学习的道路上取得显著的进步。

由于编者水平有限，书中难免存在欠妥和疏漏之处，敬请广大读者批评指正。

本书 PPT 课件可通过扫描下方二维码获取。

服务邮箱：476371891@qq.com。

编 者

2025 年 3 月

目　录

单元一　部署虚拟环境安装 Linux 系统……1

任务 1.1　初识 Linux ……………… 3

1.1.1　任务描述 ………………3

1.1.2　知识学习 ………………3

1.1.3　任务实现 ………………6

任务 1.2　安装配置虚拟机 ………… 7

1.2.1　任务描述 ………………7

1.2.2　任务实现 ………………7

任务 1.3　安装 Linux 操作系统……… 19

1.3.1　任务描述 ………………19

1.3.2　任务实现 ………………19

素养园地 …………………………28

单元小结 …………………………29

单元自测 …………………………29

单元二　初识 Linux 系统概念及命令……… 31

任务 2.1　了解 Linux 系统的基本
概念 ………………… 32

2.1.1　任务描述 ………………32

2.1.2　知识学习 ………………32

2.1.3　任务实现 ………………36

任务 2.2　认识命令行终端及命令
格式 ………………… 37

2.2.1　任务描述 ………………37

2.2.2　知识学习 ………………38

2.2.3　任务实现 ………………39

任务 2.3　学习辨别目录和文件的
方法 ………………… 40

2.3.1　任务描述 ………………40

2.3.2　知识学习 ………………40

2.3.3　任务实现 ………………41

任务 2.4　学习第一个命令及常用
快捷键 ……………… 41

2.4.1　任务描述 ………………41

2.4.2　知识学习 ………………41

2.4.3　任务实现 ………………42

素养园地 …………………………44

单元小结 …………………………44

单元自测 …………………………45

单元三　常用文件管理命令 ………………46

任务 3.1　学习文本文件编辑命令……47

3.1.1　任务描述 ………………47

3.1.2　知识学习 ………………47

3.1.3　任务实现 ………………54

任务 3.2　学习文件目录管理命令……55

3.2.1 任务描述 ················ 55
3.2.2 知识学习 ················ 55
3.2.3 任务实现 ················ 60
素养园地 ······················· 61
单元小结 ······················· 62
单元自测 ······················· 62

单元四 计算机硬件组成部分 ······· **64**

任务 4.1 认识和学习 Linux 系统
目录 ················· 65
4.1.1 任务描述 ················ 65
4.1.2 知识学习 ················ 65
4.1.3 任务实现 ················ 67

任务 4.2 学习系统状态监测命令 ··· 68
4.2.1 任务描述 ················ 68
4.2.2 知识学习 ················ 68

任务 4.3 学习挂载硬件设备命令 ··· 77
4.3.1 任务描述 ················ 77
4.3.2 知识学习 ················ 77
4.3.3 任务实现 ················ 79

任务 4.4 添加硬盘命令 ········· 80
4.4.1 任务描述 ················ 80
4.4.2 知识学习 ················ 80
4.4.3 任务实现 ················ 88

任务 4.5 添加交换分区命令 ······ 88
4.5.1 任务描述 ················ 88
4.5.2 知识学习 ················ 89
4.5.3 任务实现 ················ 91

任务 4.6 软硬方式链接 ········· 91
4.6.1 任务描述 ················ 91
4.6.2 知识学习 ················ 92
素养园地 ······················· 93
单元小结 ······················· 94
单元自测 ······················· 94

单元五 用户管理与文件权限 ········· **96**

任务 5.1 用户和用户组管理 ······· 97
5.1.1 任务描述 ················ 97
5.1.2 知识学习 ················ 97
5.1.3 任务实现 ··············· 102

任务 5.2 文件和目录权限 ········ 103
5.2.1 任务描述 ··············· 103
5.2.2 知识学习 ··············· 103
5.2.3 任务实现 ··············· 108

任务 5.3 文件访问控制列表
权限 ················ 109
5.3.1 任务描述 ··············· 109
5.3.2 知识学习 ··············· 109
5.3.3 任务实现 ··············· 111

任务 5.4 su 命令和 sudo 服务 ····· 112
5.4.1 任务描述 ··············· 112
5.4.2 知识学习 ··············· 112
5.4.3 任务实现 ··············· 114
素养园地 ······················ 117
单元小结 ······················ 117
单元自测 ······················ 118

单元六 Linux 软件包管理 ········· **119**

任务 6.1 了解软件包 ··········· 120
6.1.1 任务描述 ··············· 120
6.1.2 知识学习 ··············· 120

任务 6.2 认识 rpm 包 ·········· 122
6.2.1 任务描述 ··············· 122
6.2.2 知识学习 ··············· 122
6.2.3 任务实现 ··············· 122

任务 6.3 认识 yum 包 ·········· 123
6.3.1 任务描述 ··············· 123
6.3.2 知识学习 ··············· 124
6.3.3 任务实现 ··············· 125

任务 6.4　了解 systemd 初始化
　　　　　进程 ················· 126
　　6.4.1　任务描述 ·········· 126
　　6.4.2　知识学习 ·········· 126
任务 6.5　了解 rpm 包与源码包
　　　　　和 yum 包的区别 ······· 127
　　6.5.1　任务描述 ·········· 127
　　6.5.2　知识学习 ·········· 127
素养园地 ····················· 128
单元小结 ····················· 129
单元自测 ····················· 129

单元七　Vim 编辑器和 Shell 编程 ······· 131
任务 7.1　认识 Vim 编辑器 ······· 132
　　7.1.1　任务描述 ·········· 132
　　7.1.2　知识学习 ·········· 132
　　7.1.3　任务实现 ·········· 134
任务 7.2　编写 Shell 脚本 ········ 142
　　7.2.1　任务描述 ·········· 142
　　7.2.2　知识学习 ·········· 143
　　7.2.3　任务实现 ·········· 148
任务 7.3　学习流程控制语句 ······ 149
　　7.3.1　任务描述 ·········· 149
　　7.3.2　知识学习 ·········· 150
　　7.3.3　任务实现 ·········· 158

任务 7.4　计划任务服务程序 ······· 159
　　7.4.1　任务描述 ·········· 159
　　7.4.2　任务实现 ·········· 160
素养园地 ····················· 162
单元小结 ····················· 163
单元自测 ····················· 163

单元八　Shell 函数 ················· 165
任务 8.1　介绍 Shell 函数 ········ 166
　　8.1.1　任务描述 ·········· 166
　　8.1.2　知识学习 ·········· 166
　　8.1.3　任务实现 ·········· 178
任务 8.2　学习正则表达式 ········ 179
　　8.2.1　任务描述 ·········· 179
　　8.2.2　知识学习 ·········· 179
　　8.2.3　任务实现 ·········· 188
素养园地 ····················· 189
单元小结 ····················· 190
单元自测 ····················· 190

单元九　项目案例 ················· 192
任务 9.1　案例描述 ············· 193
任务 9.2　案例实现 ············· 194
素养园地 ····················· 197

部署虚拟环境安装Linux系统

课程目标

项目目标

❖ 搭建虚拟机运行环境

❖ 完成 Linux 系统的安装

技能目标

❖ 了解 Linux 发展史

❖ 了解常见的 Linux 系统

❖ 了解 Linux 系统与 Windows 系统的区别

❖ 熟悉 VM 虚拟机的安装与配置

❖ 掌握 Linux RHEL 7 的安装过程

❖ 了解 Linux 相关岗位及职责

素质目标

❖ 提高网络安全意识

❖ 培养积极探索和解决问题的方法和思路

简介

本单元从零基础开始详细讲解虚拟机软件及红帽 Linux 系统，完整演示 VM 虚拟机的安装与配置过程，以及 Linux RHEL 7 系统的安装、配置和初始化方法。此外，作为基础教程，还讲解了 Linux 的发展史及 Linux 与 Windows 的区别，有助于我们了解与 Linux 相关的就业方向及岗位工作内容。目前关于 Linux 的相关岗位如下。

➢ Linux 系统管理员：主要负责维护 Linux 服务器的稳定运行、网络配置、安全维护、备份与恢复等工作。

➢ Linux 运维工程师：主要负责开发、优化和管理 Linux 系统，熟悉 Shell 编程，能够独立完成系统的构建和维护工作。

➢ Linux 程序员：主要负责根据客户需求和项目要求开发和部署 Linux 平台下的软件系统，需要熟练掌握 C 语言或其他编程语言。

➢ Linux 嵌入式软件工程师：主要负责嵌入式设备的开发和调试，需要具备 Linux 内核、驱动、网络协议栈等方面的知识。

➢ 虚拟化平台技术支持工程师：主要负责虚拟化技术的实施、调试和故障处理，需要熟悉基本的 Linux 系统管理和网络管理知识。

当然，对 Linux 的学习不是一朝一夕可以完成的。作为基础教程，本书旨在激发我们对 Linux 的兴趣，并为日后深入学习打下基础，进而能够胜任 Linux 程序员、嵌入式工程师等职业。

本单元涉及软件和系统的安装，我们需要有网络安全和信息安全意识，遵守网络安全法律法规和道德规范，不进行非法操作，不侵犯他人隐私。同时，Linux 作为一个开源操作系统，我们要积极参与到开源社区，分享自己的代码。在遇到问题时，积极探索解决问题的方法和思路，培养独立思考和解决问题的能力。同时，持续学习并保持坚持不懈的态度。

任务 1.1　初识 Linux

1.1.1　任务描述

在开始学习 Linux 知识之前，我们首先要对 Linux 有一个初步的认识。我们需要完成对 Linux 的诞生、发展史，以及目前常见的 Linux 系统的学习。另外，为了更好地明确 Linux 在工作和企业中的应用，我们还需要了解 Linux 与 Windows 的一些区别。学习完成后，我们将对这些内容进行归纳总结。

1.1.2　知识学习

1. Linux 的诞生

Linux 的诞生可以追溯到上世纪 80 年代初期。当时，由于微软公司的 MS-DOS 操作系统占领了 PC 市场，许多计算机爱好者和学术研究者开始使用 UNIX 操作系统。但是，UNIX 是基于商业化的软件，因此他们开始尝试开发一个免费的、开源的 UNIX 类操作系统。1984 年，Richard Matthew Stallman(理查德·马修·斯托曼，1953 年 3 月 16 日)创立了自由软件基金会(FSF)，开发了 GNU 项目，但是该项目缺少一个操作系统内核。1991 年，芬兰大学生 Linus Torvalds(林纳斯·托瓦兹，于 1969 年 12 月 28 日出生)，开发了一个名为 Linux 的操作系统内核，并将其开源，弥补了 GNU 项目中唯一缺失的部分，从而形成了 GNU/Linux 操作系统。

2. Linux 的发展史

最初，Linux 只能在 386 处理器上运行，并且只具备非常基础的功能。然而，程序员社群开始广泛使用它，逐渐引起了人们的关注。随着越来越多的贡献者加入进来，他们共同推动了 Linux 的发展。

Linux 的成功部分归功于开源运动的兴起。开源运动指的是共享软件源代码的一种方式，这使得任何人都可以查看、复制或修改软件代码。这种"自由"的理念在 Linux 社区中得到了广泛的支持，并使 Linux 成为了一个真正开放的操作系统。

随着 Linux 的普及，越来越多的公司看到了它的商业潜力，并投入了大量资金进行支持和开发。例如，IBM、Red Hat、Novell 等公司成立了专门负责 Linux 开发和支持的部门。这些公司向市场推出了各种基于 Linux 的解决方案和服务，包括服务器操作系统、工具和应用程序等。

Linux 不断发展，成为许多大型企业和政府机构优先考虑的操作系统。例如，法国、德国、俄罗斯采用 Linux 作为官方操作系统。Linux 社区也一直致力于不断创新，如引入新的内核版本、支持新的硬件架构、集成新的应用程序等。

截至 2023 年，Linux 已经成为世界上最受欢迎的操作系统之一，被广泛用于嵌入式设备、桌面计算机、服务器，以及云计算环境，是许多科学、技术和商业领域的首选操作系统。同时，Linux 社区一直致力于保持其免费和开源的特性，确保所有人都可以使用和修改它。

3. 常见的 Linux 系统

Linux是一个开源的操作系统，可以被移植到许多不同的硬件架构和设备上，因此衍生出了众多不同的Linux发行版，也称为Linux系统。下面列举几个常见的Linux系统。

1) Red Hat

Red Hat 是一款基于 Linux 的企业级操作系统，它是全球领先的开源解决方案供应商。Red Hat 采用了开放的技术标准和开源软件，通过社区合作的方式提供可靠、高性能的云计算、虚拟化、存储、安全和中间件技术。这使得 Red Hat 成为企业数字化转型的一部分，为客户混合云和多云环境下提供一致的体验。

Red Hat 还提供了专业的支持、培训和咨询服务，以帮助客户实现成功的数字化转型和提升业务价值。Red Hat 的产品线包括 Red Hat Enterprise Linux(RHEL)，以及 Kubernetes、OpenShift、Ansible 等。Red Hat 致力于开放、透明和可持续的开源模式，与全球的开源社区、客户和合作伙伴紧密合作，共同推动开源生态系统的发展。

2) CentOS

CentOS 是基于 Red Hat Enterprise Linux(RHEL)源代码的一款完全免费的企业级 Linux 发行版，提供与 RHEL 相同的功能和稳定性。CentOS 主要面向企业用户，提供 Web 服务器、数据库服务器和虚拟化平台等应用场景。

3) Debian

Debian 是一款成熟、稳定且被广泛使用的 Linux 发行版之一，它是一款纯粹的开源软件，采用自由软件许可证，并提供各种桌面环境和应用程序。Debian 有一个强大的包管理系统，可以方便地安装、升级和删除软件包。

4) Fedora

Fedora 是 Linux 社区开发的另一款流行的操作系统，主要面向开发者和技术爱好者。它采用了最新的软件技术和工具，提供了各种桌面环境和开发工具。此外，Fedora 还包括 Docker、OpenShift 和 Kubernetes 等容器及云计算平台。

5) Ubuntu

Ubuntu 是基于 Debian 发行版的一款流行的桌面和服务器操作系统。它致力于为用户提供易用性、稳定性和安全性，并且具有广泛的社区支持和资源。Debian 还提供了各种桌面环境和应用程序，例如 KDE、GNOME、Apache 等。

6) Arch Linux

Arch Linux 是一款轻量且灵活的 Linux 发行版，它主要面向高级用户和开发者。Arch Linux 采用了滚动式更新的策略，这意味着用户可以逐步将所有软件包更新至最新版本。Arch Linux 也提供了广泛的库和包管理器，以帮助用户管理软件和依赖项。

以上是常见的 Linux 系统。除此之外还有很多其他的 Linux 发行版，如 openEuler、openSUSE、Mageia、Manjaro 等。每个 Linux 系统都有其独特的特点和优势，用户可以根据自己的需求和偏好选择适合自己的系统。

4. Linux 与 Windows 的区别

Linux 系统和 Windows 系统都是常见的操作系统。在国内市场中，Linux 系统更多地应用于服务器，而桌面操作系统则主要使用 Windows 系统。两者在使用上有一些相同点和不同点，具体如下。

相同点如下。

➤ 都是桌面操作系统，用户可以使用鼠标和键盘进行操作。

➤ 都支持多任务和多用户。

➤ 都支持网络连接和文件共享。

➤ 都提供了 GUI(图形用户界面)和 CLI(命令行界面)两种方式。

Linux 系统与 Windows 系统的不同点如表 1-1 所示。从开源性质、文件系统、安装方式、设备驱动、用户界面、安全性和价格等方面进行比较，可以清晰地看出它们之间的区别。

表 1-1

不同点	Linux 系统	Windows 系统
开源性质	开源	闭源
文件系统	支持多种文件系统，包括 Ext4、NTFS 等	主要支持 NTFS 文件系统
安装方式	通过软件包管理器在线安装软件	大多数软件需要下载安装文件进行安装
设备驱动	集成了许多常用设备的驱动程序	需要手动安装大部分设备的驱动程序
用户界面	多样化,用户可以自由选择 KDE、GNOME 等桌面环境	统一，用户只能使用预装的桌面环境

(续表)

不同点	Linux 系统	Windows 系统
安全性	相对较高，因为开源，可以被众多开发者审核和改进	相对较低，因为 Windows 系统具有较高的市场份额，成为黑客攻击的主要目标之一
价格	免费或较低的价格	价格较高

Linux 系统和 Windows 系统在一些方面具有相似之处，但也存在显著的差异。用户可以根据自身需求和偏好选择最适合自己的操作系统。

1.1.3 任务实现

学习以上内容后，我们将各个系统的特点和优势总结在表 1-2 中，以便于进行对比和记忆。

表 1-2

系统名称	描述	特点和优势
Red Hat	企业级操作系统，提供可靠、高性能的云计算、虚拟化、存储、安全和中间件技术	全球领先的开源解决方案供应商，提供专业的支持、培训和咨询服务。产品线包括 Red Hat Enterprise Linux(RHEL)、Kubernetes、OpenShift、Ansible 等
CentOS	基于 Red Hat Enterprise Linux(RHEL)源代码的企业级 Linux 发行版，提供与 RHEL 相同的功能和稳定性	完全免费，主要面向企业用户，包括 Web 服务器、数据库服务器和虚拟化平台等
Debian	成熟、稳定且应用广泛的 Linux 发行版之一，采用自由软件许可证，提供各种桌面环境和应用程序	强大的包管理系统，可以方便地安装、升级和删除软件包
Fedora	Linux 社区开发的一款流行的操作系统，采用最新的软件技术和工具，提供各种桌面环境和开发工具	包括 Docker、OpenShift 和 Kubernetes 等容器和云计算平台
Ubuntu	基于 Debian 发行版的流行桌面和服务器操作系统，提供易用性、稳定性和安全性	广泛的社区支持和资源，提供各种桌面环境和应用程序
Arch Linux	轻量而灵活的 Linux 发行版，主要面向高级用户和开发者。采用滚动式更新的策略，提供广泛的库和包管理器	用户可以逐步更新所有软件包到最新版本，帮助用户管理软件和依赖项

（续表）

系统名称	描述	特点和优势
openEuler	由华为公司开发的开源 Linux 发行版，旨在为企业用户提供稳定的基础设施和丰富的应用场景	提供全栈的 AI 能力，支持多种处理器架构，适用于云、边缘计算等场景
openSUSE	德国开发的 Linux 发行版，注重稳定性和可靠性，提供广泛的桌面环境和应用程序	强大的软件包管理系统，支持多种硬件架构，适用于服务器和企业级应用
Mageia	社区驱动的 Linux 发行版，提供稳定、安全和易于管理的操作系统	集成了最新的软件包和技术，适用于桌面、服务器和企业级应用
Manjaro	Arch Linux 的一个衍生版本，注重用户友好性和易用性	提供简化的安装过程和用户界面，适合新手用户和技术爱好者

任务 1.2 安装配置虚拟机

1.2.1 任务描述

VMware Workstation 是一款桌面计算机虚拟软件，该软件允许用户在单一主机上同时运行多个不同的虚拟机操作系统。每个虚拟机操作系统的硬盘分区和数据配置都是独立的，同时多个虚拟机操作系统可以构建一个局域网。Linux 系统对硬件设备的要求较低，VMware Workstation 还支持诸如实时快照、虚拟网络等方便且实用的功能。

作为实验课程，我们没有必要把自己的计算机改为 Linux 系统或双系统，所以我们引入了虚拟机软件，在虚拟机中进行 Linux 系统的安装。

本任务旨在指导如何安装和配置虚拟机。

1.2.2 任务实现

虚拟机的安装配置步骤如下。

(1) 虚拟机软件安装向导初始界面。运行下载完成的 VMware Workstation 虚拟机软件安装包(.exe 程序)，将会显示如图 1-1 所示的虚拟机程序安装向导初始界面。

(2) 虚拟机的安装向导。在虚拟机软件的安装向导界面中单击"下一步"按钮，如图 1-2 所示。

图 1-1

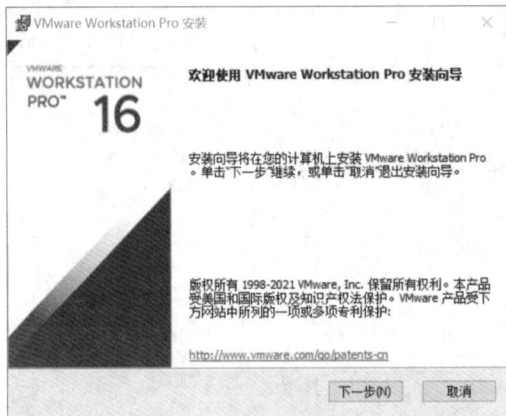

图 1-2

(3) 选择许可协议界面。在"最终用户许可协议"界面选中"我接受许可协议中的条款"复选框，然后单击"下一步"按钮，如图 1-3 所示。

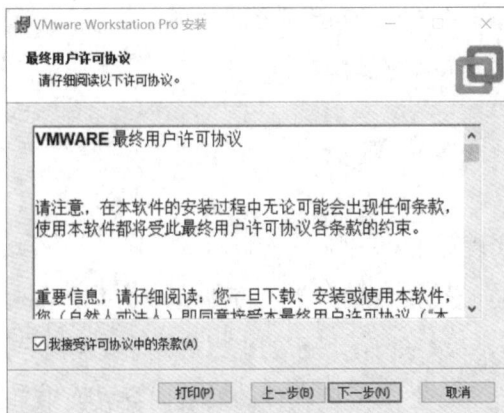

图 1-3

(4) 选择安装路径界面。选择虚拟机软件的安装位置(可选择默认位置)，选中"增强型键盘驱动程序"复选框后，单击"下一步"按钮，如图 1-4 所示。

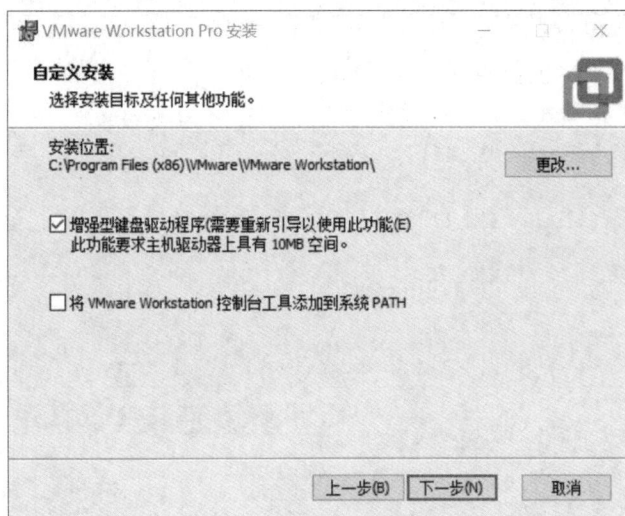

图 1-4

(5) 虚拟机用户体验设置。根据实际情况选择"启动时检查产品更新"与"加入 VMware 客户体验提升计划"复选框(本例不选择)，然后单击"下一步"，如图 1-5 所示。

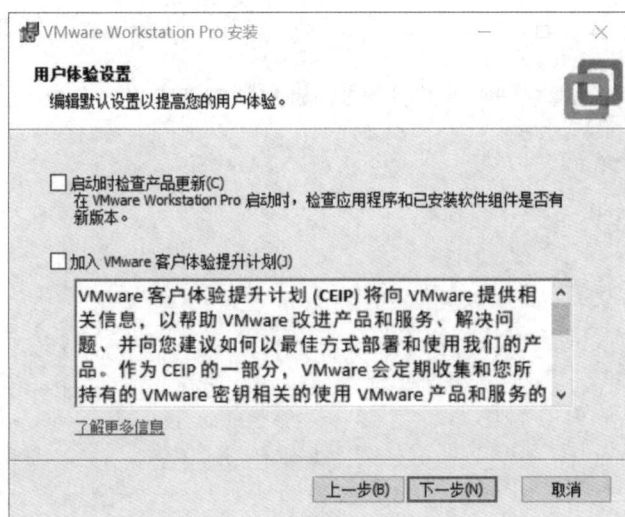

图 1-5

(6) 快捷方式生成位置设置。选中"桌面"和"开始菜单程序文件夹"复选框后，单击"下一步"按钮，如图 1-6 所示。

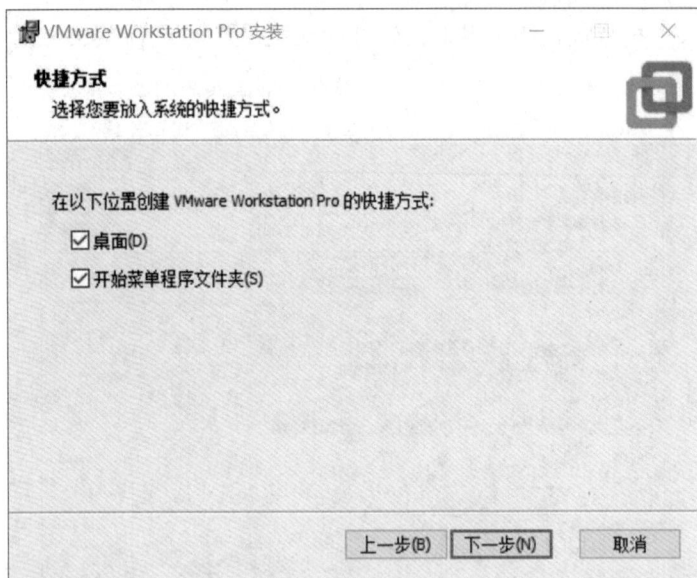

图 1-6

(7) 开始安装虚拟机软件。一切准备就绪后，单击"安装"按钮，如图 1-7 所示。

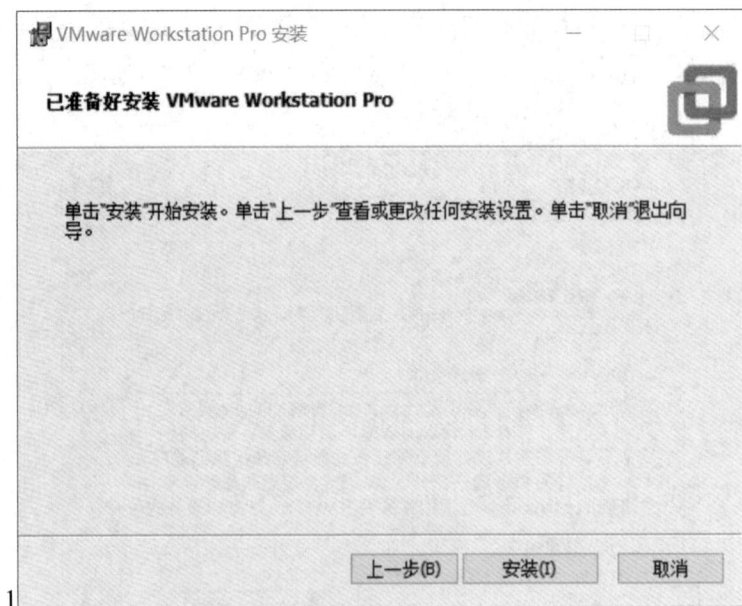

图 1-7

(8) 等待安装完成。进入安装过程，耐心等待虚拟机软件安装完成，如图 1-8 所示。

(9) 安装向导完成界面和许可验证界面。当进度条走完时，虚拟机软件的安装过程也将结束。此时，单击"完成"按钮即可，如图 1-9 所示。如果用户希望立即输入许可密钥，可以单击"许可证"按钮打开如图 1-10 所示的"输入许可证密钥"界面。

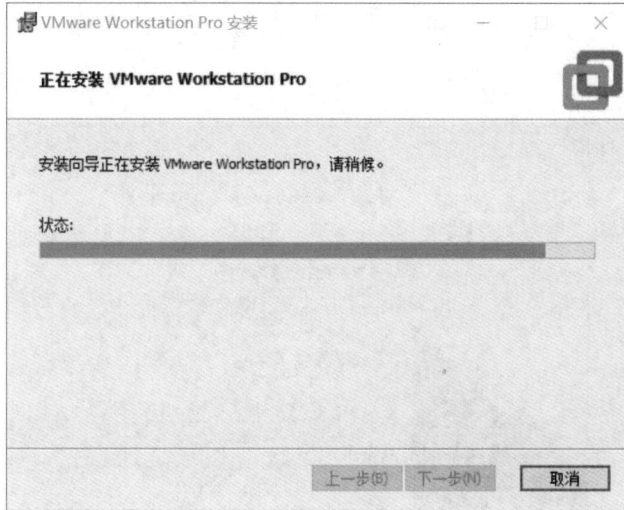

图 1-8

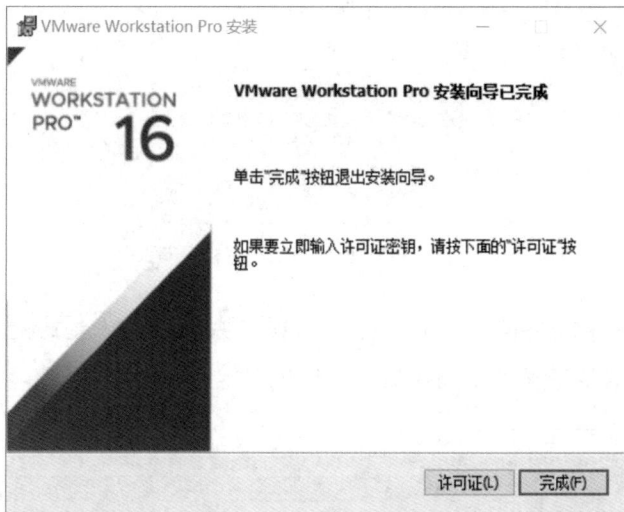

图 1-9

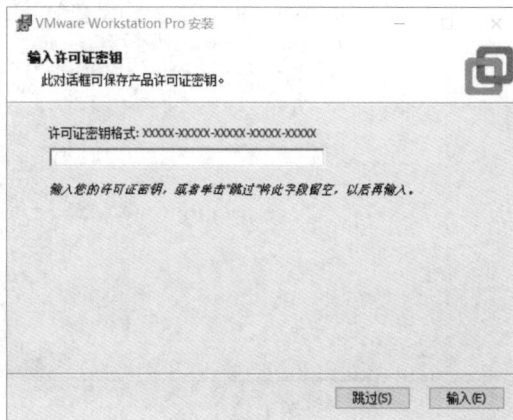

图 1-10

(10) 完成界面。在如图 1-11 所示的界面中单击"完成"按钮，系统将打开如图 1-12 所示的对话框提示重新启动，单击"是"按钮即可。

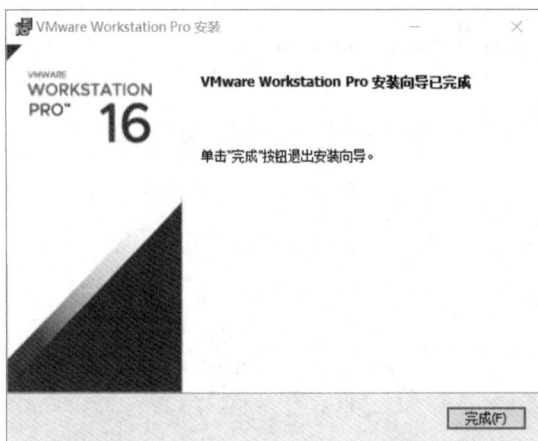

图 1-11

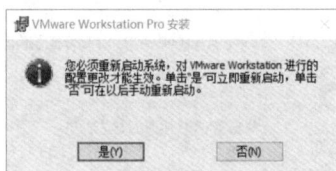

图 1-12

(11) 虚拟机软件管理界面。双击 Windows 操作系统桌面上生成的虚拟机快捷图标，即可打开虚拟机软件管理界面，如图 1-13 所示。

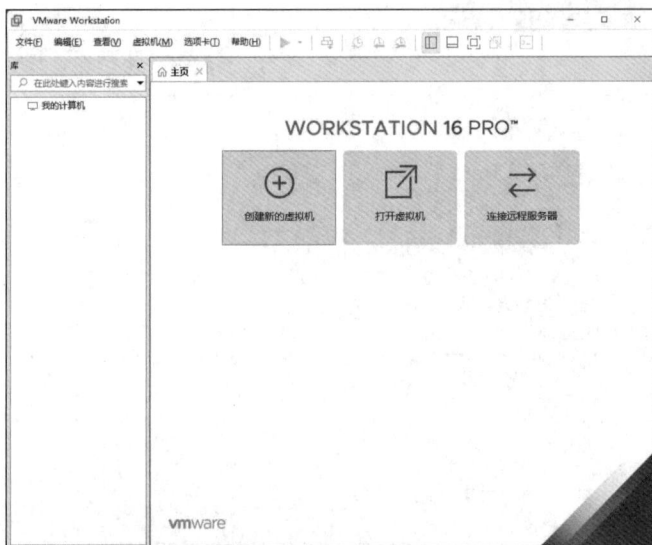

图 1-13

（12）新建虚拟机向导界面。单击虚拟机管理界面中的"创建新的虚拟机"按钮，在打开的"新建虚拟机向导"对话框中选中"典型"单选按钮，然后单击"下一步"按钮，如图 1-14 所示。

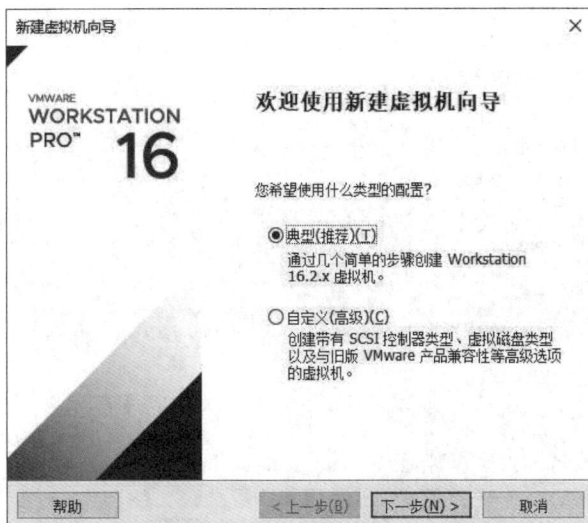

图 1-14

（13）选择虚拟机的安装来源。选中"稍后安装操作系统"单选按钮，然后单击"下一步"按钮，如图 1-15 所示。

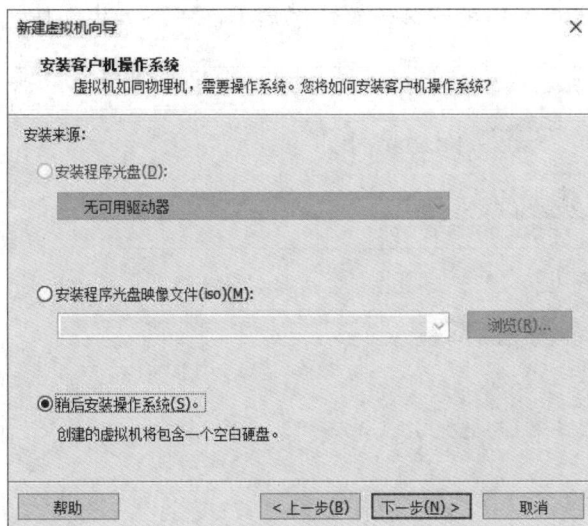

图 1-15

注意： 如果在图 1-15 中选中"安装程序光盘映像文件"单选按钮，并选中下载好的 RHEL 7 系统镜像，虚拟机会通过默认的安装策略部署最精简的 Linux 系统(不会出现安装设置的选项)。

(14) 选择操作系统的版本。在打开的对话框中，将客户机操作系统的类型选择为"Linux"，版本设置为"Red Hat Enterprise Linux 7 64 位"，然后单击"下一步"按钮，如图 1-16 所示。

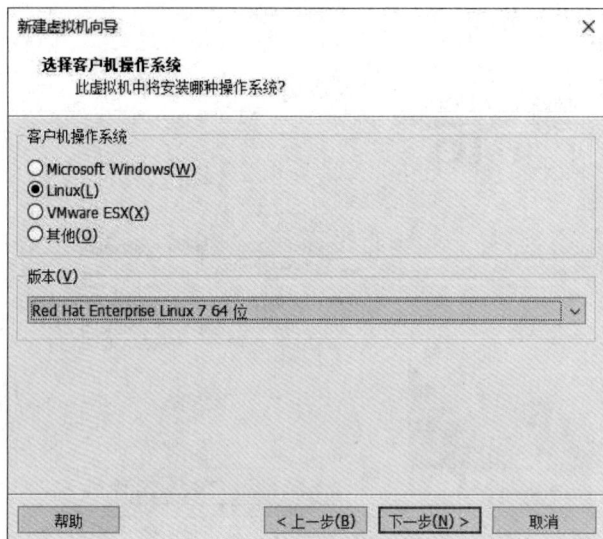

图 1-16

(15) 命名虚拟机并设置安装路径。在"虚拟机名称"文本框中输入虚拟机名称，在"位置"文本框中输入虚拟机的安装位置，然后单击"下一步"按钮，如图 1-17 所示。

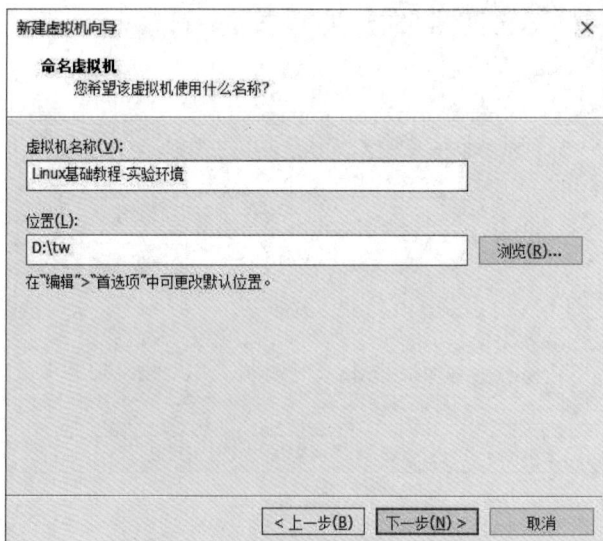

图 1-17

(16) 设置虚拟机最大磁盘大小。将虚拟机系统的"最大磁盘大小"设置为 20GB，然后单击"下一步"按钮，如图 1-18 所示。

图 1-18

(17) 虚拟机配置界面。在打开的对话框中单击"自定义硬件"按钮，如图 1-19 所示。

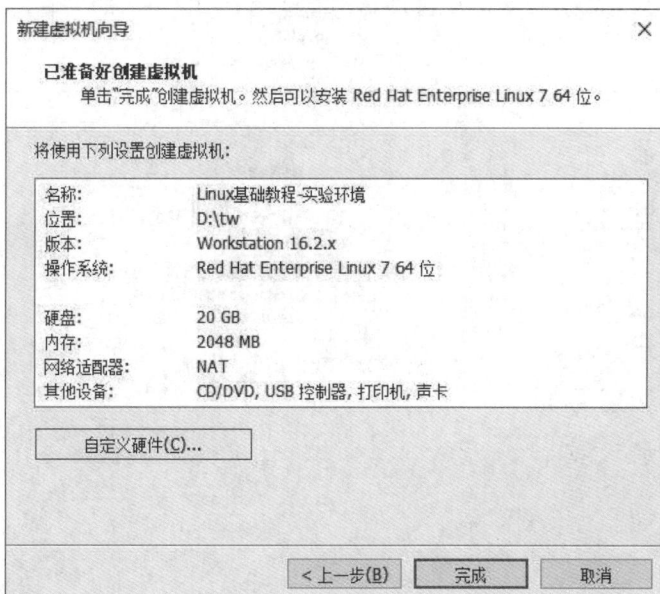

图 1-19

(18) 设置虚拟机的内存。在图 1-20 所示的界面中，建议将虚拟机系统的内存设置为 2048MB（最低不应低于 1024MB）。

(19) 设置处理器参数。根据当前主机的性能，设置 CPU 处理器的数量以及每个处理器的核心数量，并启用虚拟化引擎，如图 1-21 所示。

图 1-20

图 1-21

(20) 设置虚拟机光驱设备。此时，光驱设备应选择"使用 ISO 映像文件"，并选中下载好的系统镜像文件，如图 1-22 所示。

图 1-22

(21) 设置虚拟机网络适配器。VMware Workstation 虚拟机软件为用户提供了 3 种可选的网络模式，分别为桥接模式、NAT 模式与仅主机模式。本例选择"仅主机模式"，如图 1-23 所示。

> 桥接模式：相当于在物理主机与虚拟机网卡之间架设了一座桥梁，从而使虚拟机可以通过物理主机的网卡访问外网。

> NAT 模式：使用 VMware Workstation 虚拟机的网络服务充当路由器，通过虚拟机软件模拟的主机可以通过物理主机访问外网。在物理主机中，NAT 虚拟机网卡对应的物理网卡是 VMnet8。

> 仅主机模式：仅允许虚拟机内的主机与物理主机进行通信，无法访问外网。在物理主机中，只有主机模式下模拟网卡对应的物理网卡是 VMnet1。

用户可以将 USB 控制器、声卡、打印机等不需要的设备全部移除。移除声卡可以避免在输入错误时发出提示音，从而确保主机在后续实验中不受干扰。完成设置后，可以在图 1-23 所示的界面中单击"关闭"按钮。

图 1-23

(22) 结束虚拟机配置向导。返回"新建虚拟机向导"对话框后,单击"完成"按钮,
如图 1-24 所示。此时,虚拟机的安装和配置已顺利完成。

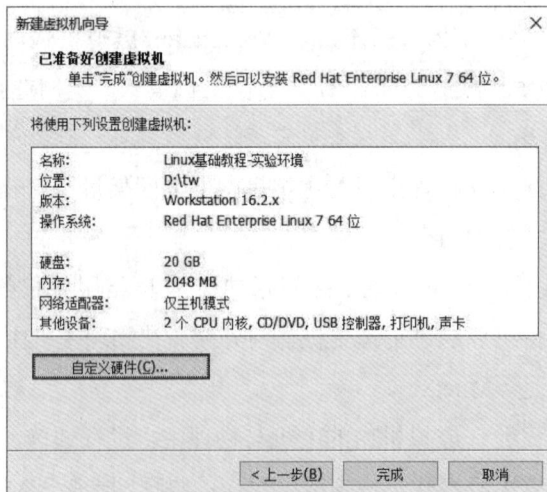

图 1-24

(23) 虚拟机配置成功界面。当显示图 1-25 所示的界面时,说明虚拟机已经成功配置。
接下来,可以开始探索 Linux 系统的奇妙之旅。

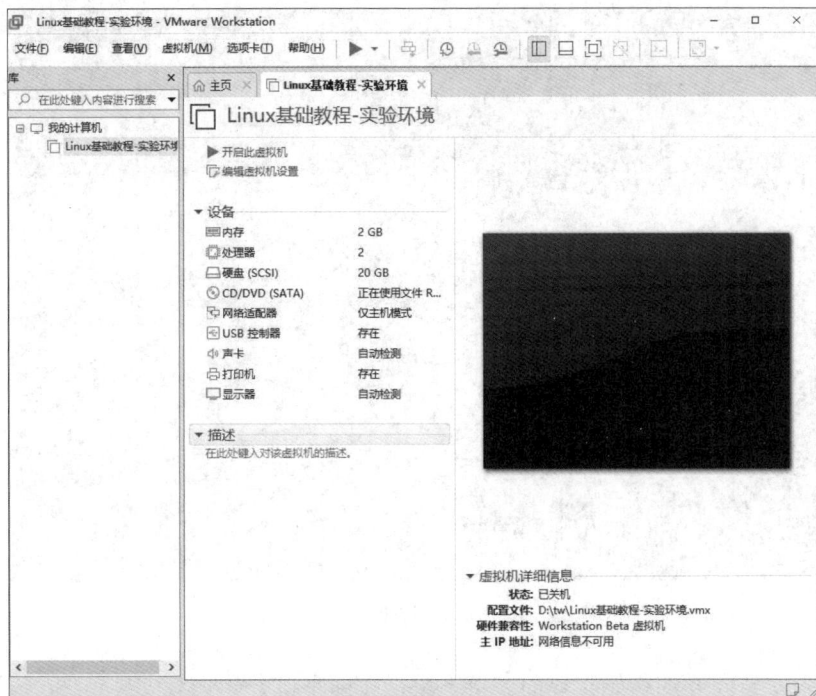

图 1-25

任务 1.3　安装 Linux 操作系统

1.3.1　任务描述

虚拟机安装完成后，需要在虚拟机中进行操作系统的安装与配置。本任务要求在虚拟机中完成 Linux 系统的安装与配置，并确保系统能够正常启动。

1.3.2　任务实现

Linux 系统安装步骤如下。

(1) 进入 RHEL 7 系统安装界面。在虚拟机管理界面中，单击"开启此虚拟机"按钮，数秒后即可进入 RHEL 7 系统的安装界面，如图 1-26 所示。在该界面中，"Test this media & install Red Hat Enterprise Linux 7.0"和"Troubleshooting"选项的作用分别是校验光盘完整性后再进行安装，以及启动救援模式。此时，可以通过键盘的方向键选择"Install Red Hat Enterprise Linux 7.0"选项，直接开始安装 Linux 系统。

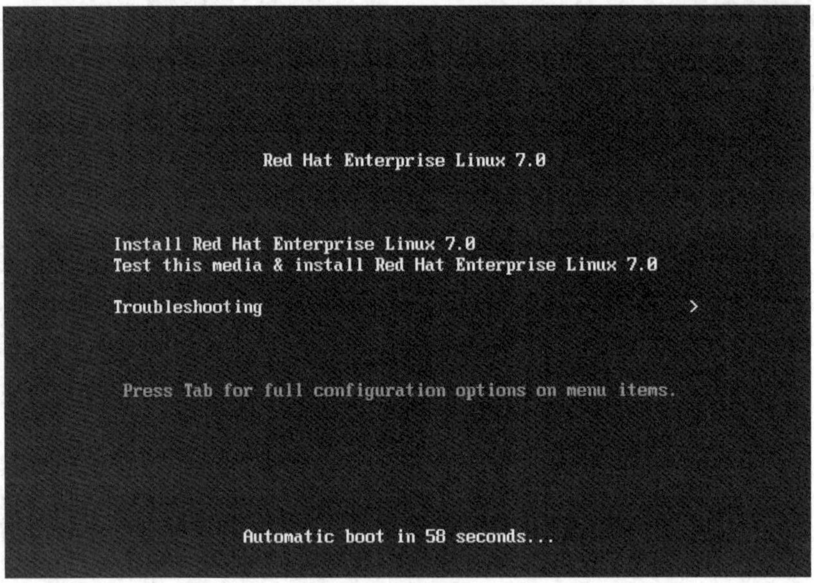

图 1-26

(2) 进入安装向导的初始化界面。接下来，按回车键开始加载安装镜像(预计所需时间约为 30~60 秒)，如图 1-27 所示。

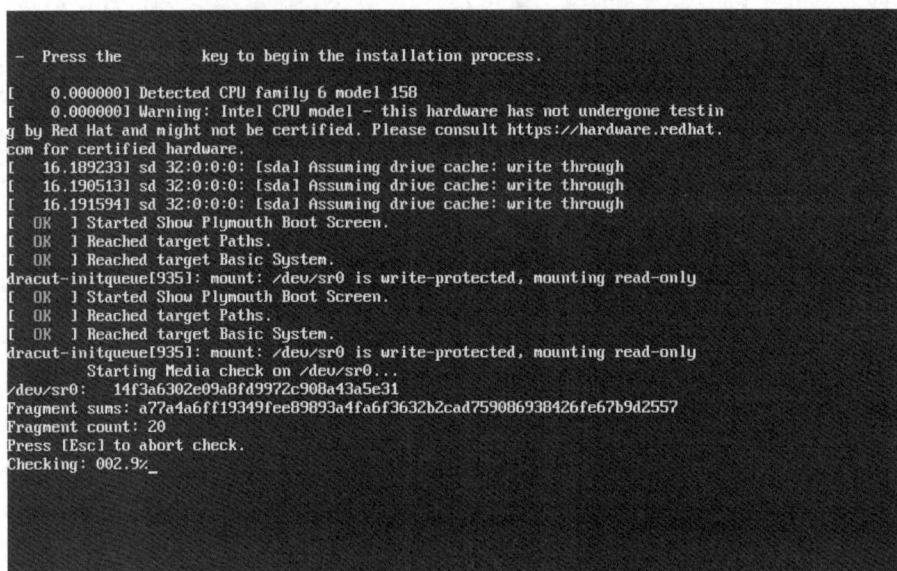

图 1-27

(3) 选择系统的安装语言。在显示的界面中将系统的安装语言设置为"简体中文(中国)"，然后单击"继续"按钮，如图 1-28 所示。

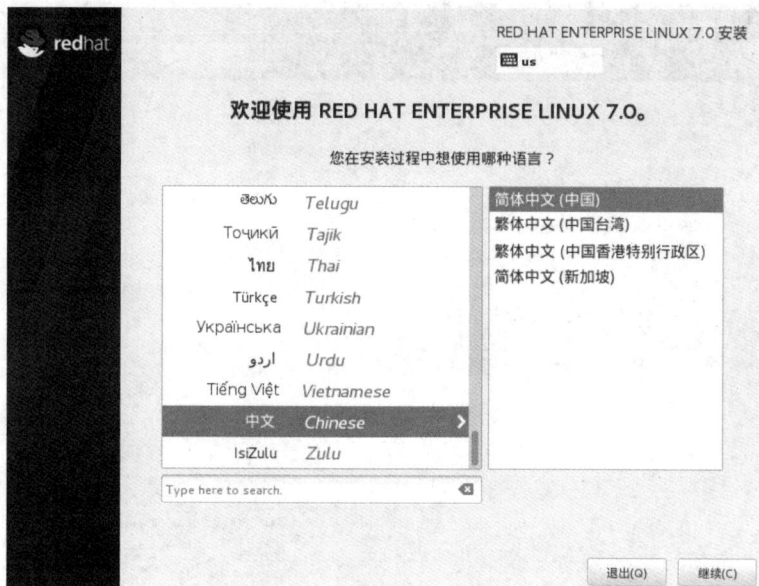

图 1-28

(4) 调整系统环境。在打开的"安装信息摘要"界面(如图 1-29 所示)中，可以根据需求调整系统的基本环境。例如，将 Linux 系统配置为基础服务器、文件服务器、Web 服务器或工作站等。选择"软件选择"选项，在图 1-30 所示的界面中选中"带 GUI 的服务器"单选按钮，然后单击"完成"按钮。

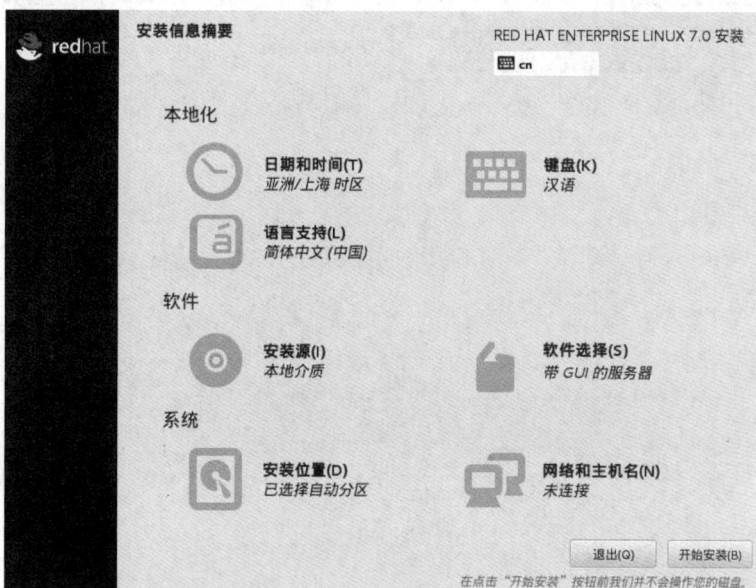

图 1-29

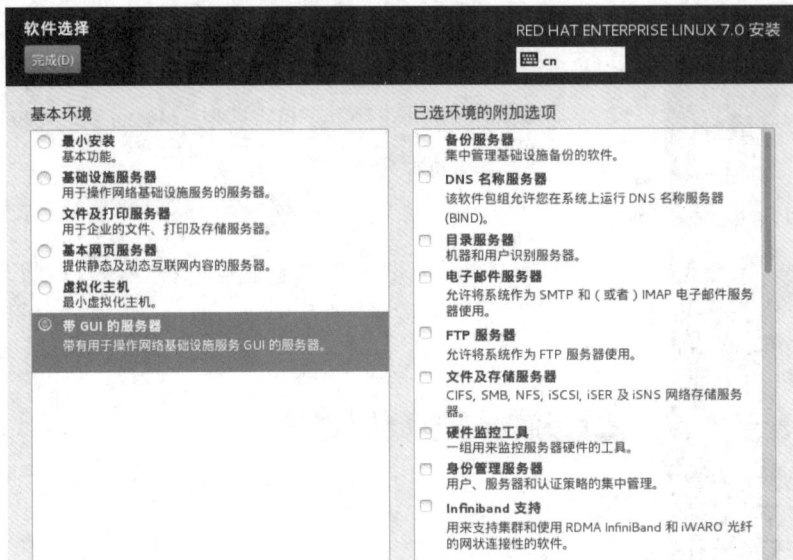

图 1-30

(5) 配置网络和主机名。返回图 1-29 所示的界面，选择"网络和主机名"选项，在打开的界面中将主机名修改为 linux.tw(可以采用默认设置)，然后单击"完成"按钮，如图 1-31 所示。

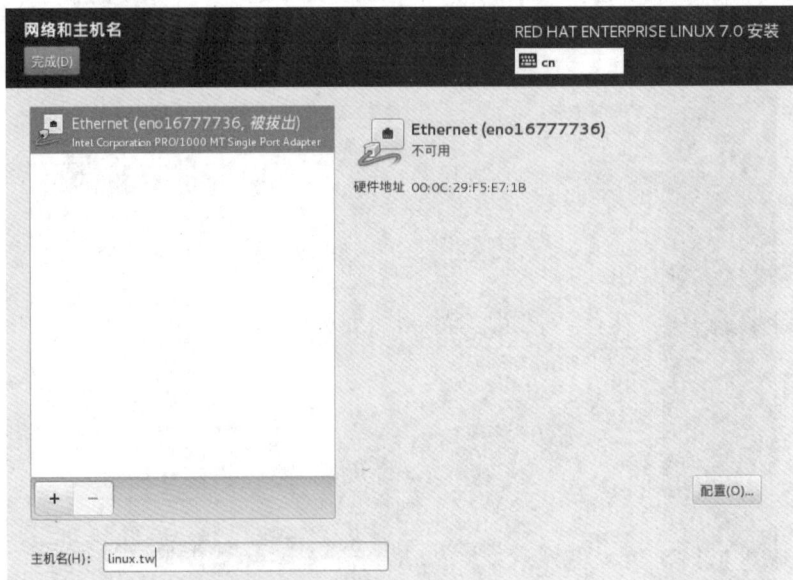

图 1-31

(6) 选择安装媒介。返回图 1-29 所示的界面，选择"安装位置"选项，在打开的界面中确认安装媒介并设置分区(也可以采用默认设置，不进行任何修改)，然后单击"完成"按钮，如图 1-32 所示。

图 1-32

(7) 开始安装。返回图 1-29 所示的界面,单击"开始安装"按钮即可显示安装进度,在打开的界面中选择"ROOT 密码"选项,如图 1-33 所示。

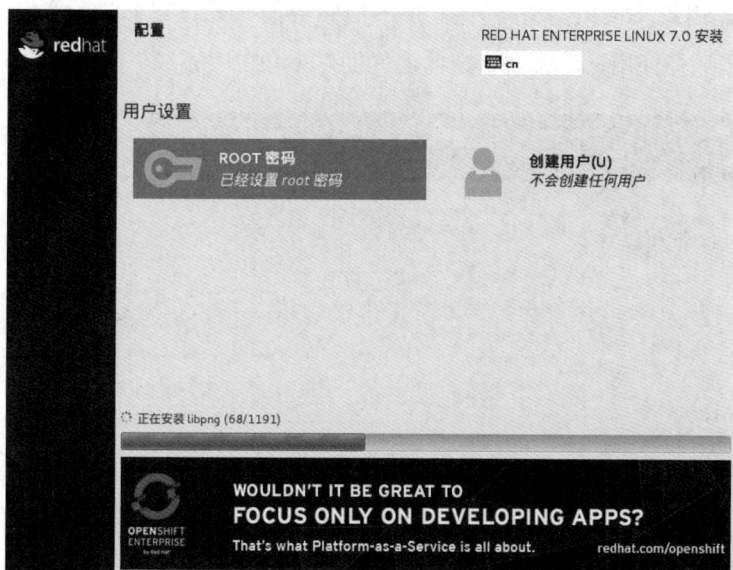

图 1-33

(8) 设置 ROOT 密码。若选择使用简单的密码,则需要单击界面左上角的"完成"按钮两次才能确认,如图 1-34 所示。需要注意的是,在虚拟机中进行实验时,密码的强度并不重要,但在生产环境中,应务必确保 root 管理员的密码足够复杂,以避免系统面临严重的安全风险。

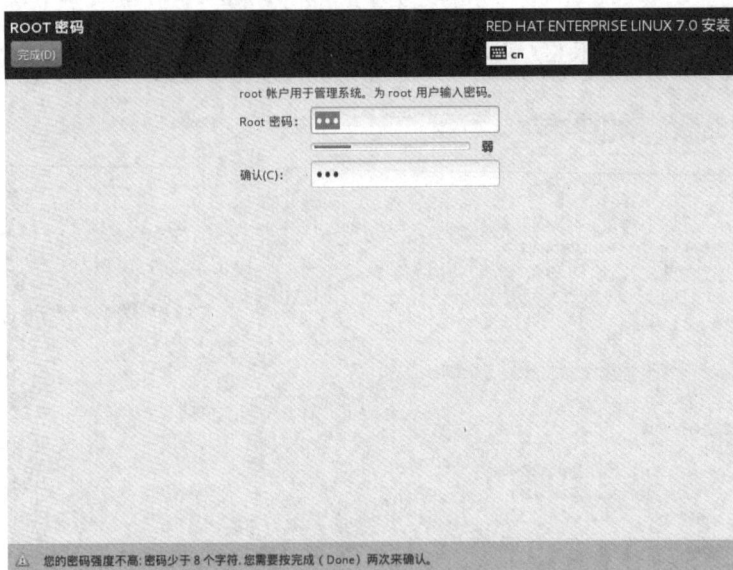

图 1-34

(9) 创建本地用户。Linux 系统的安装过程一般会持续约 10 分钟左右，用户在系统安装过程中耐心等待即可。在安装过程中，可以创建一个本地普通用户。单击图 1-33 所示界面中的"创建用户"按钮，将打开图 1-35 所示界面，在该界面中输入全名、用户名和密码即可。如果选择使用简单密码，则单击界面左上角的"完成"按钮两次可以保存设置。

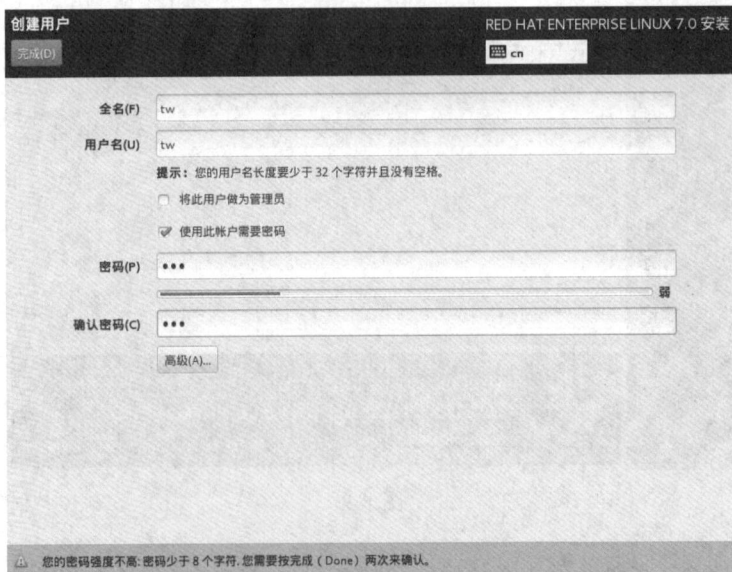

图 1-35

(10) 进行系统初始化。安装完成后重启系统，在显示的系统初始化界面中选择"本地化"选项，如图 1-36 所示。

图 1-36

(11) 同意许可协议。在打开的界面中选中"我同意许可协议"复选框，然后单击"完成"按钮，如图 1-37 所示。

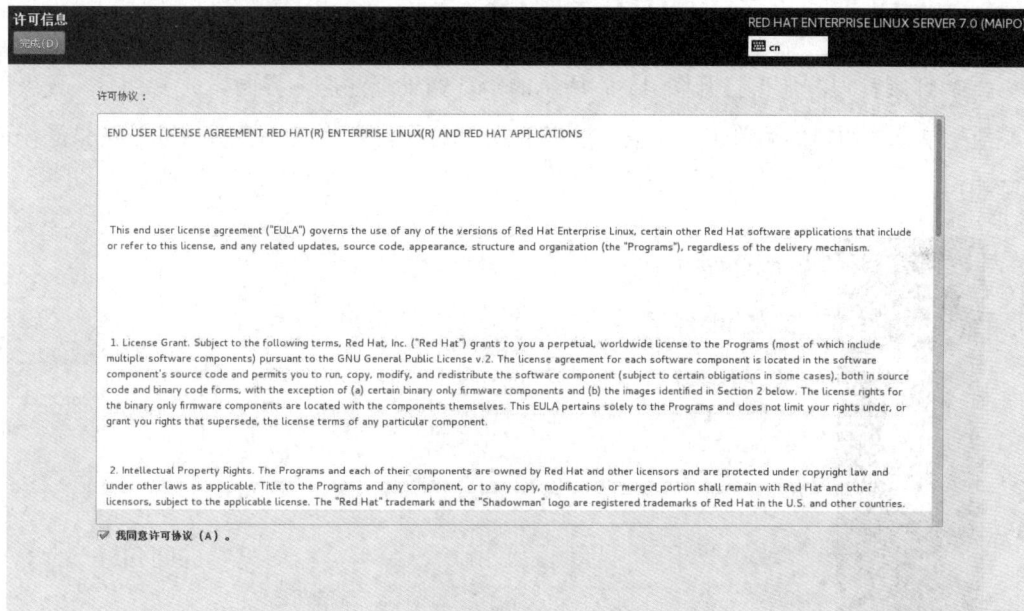

图 1-37

(12) 禁用 Kdump 服务。返回图 1-36 所示的界面，单击"完成配置"按钮打开 Kdump 服务设置界面，如图 1-38 所示。如果暂时不需要调试系统内核，可以取消"启用 Kdump"复选框的选中状态，然后单击"前进"按钮。

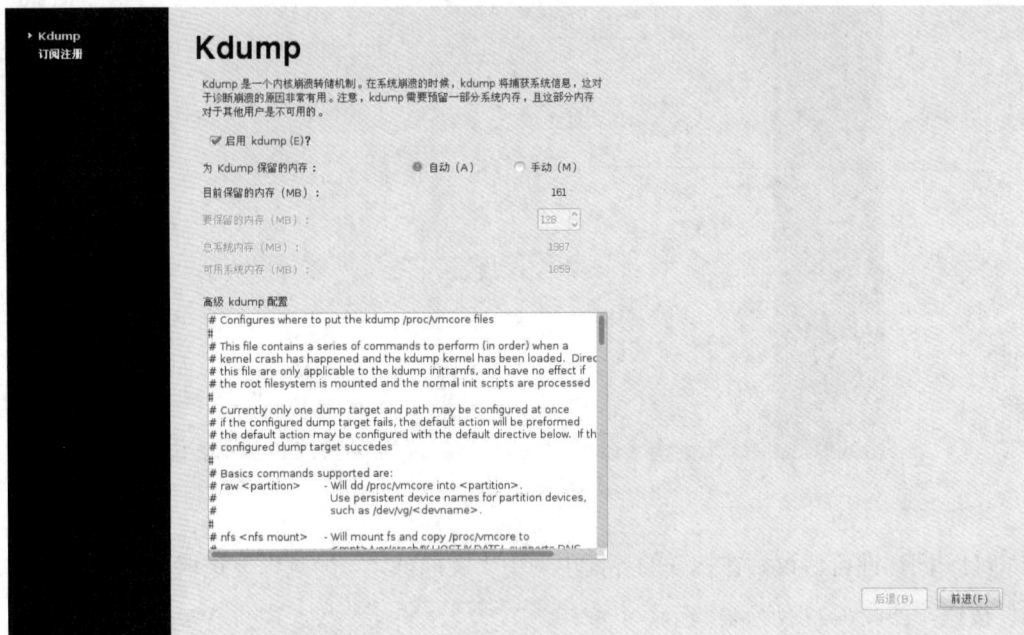

图 1-38

(13) 订阅管理注册。打开图 1-39 所示的"订阅管理注册"界面，选中"不，我想以后注册"单选按钮，然后单击"完成"按钮(此处选择不注册系统不会对后续的实验操作造成影响)。

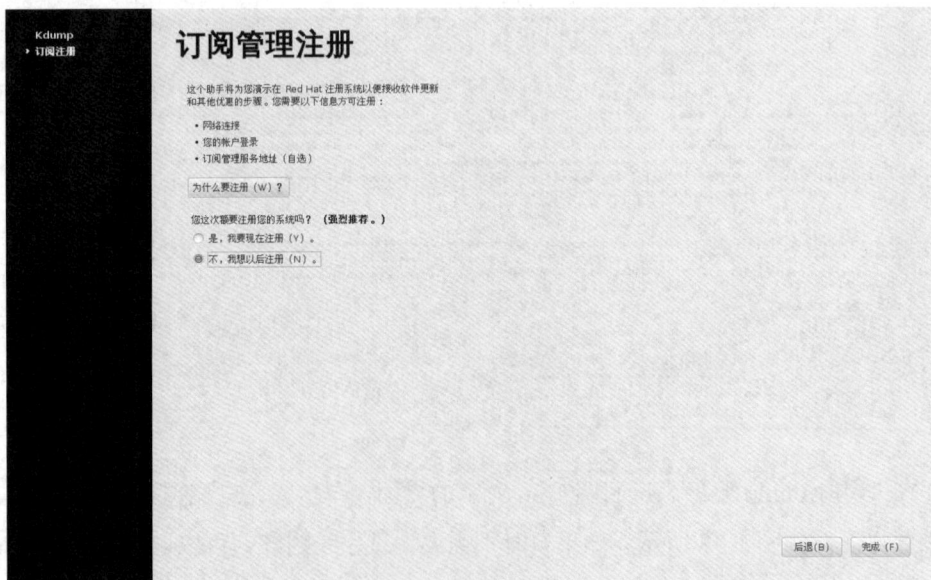

图 1-39

(14) 登录系统。在图 1-40 所示的界面中单击创建的用户，输入设置的密码，即可登录系统。

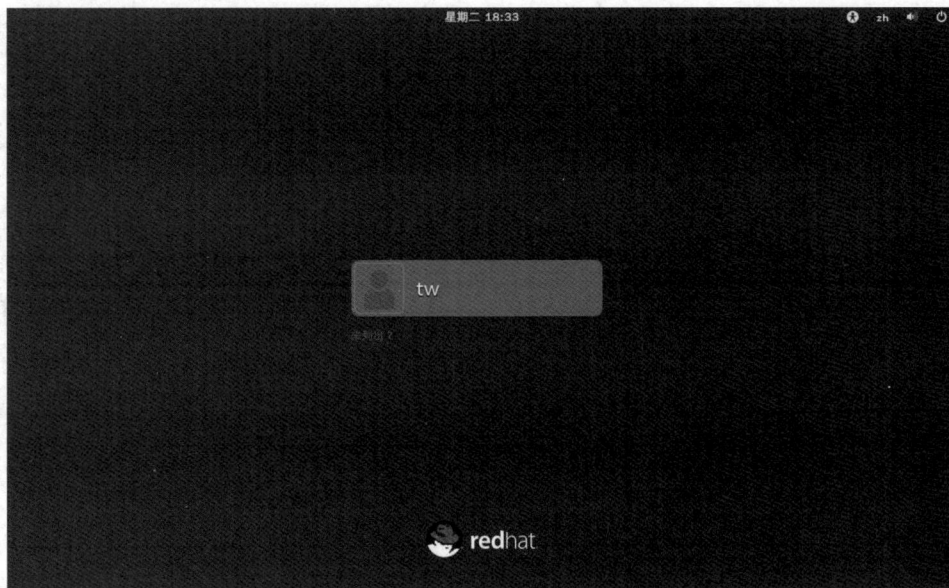

图 1-40

(15) 选择语言。打开图 1-41 所示的界面，选择所需的语言，然后单击"前进"按钮。

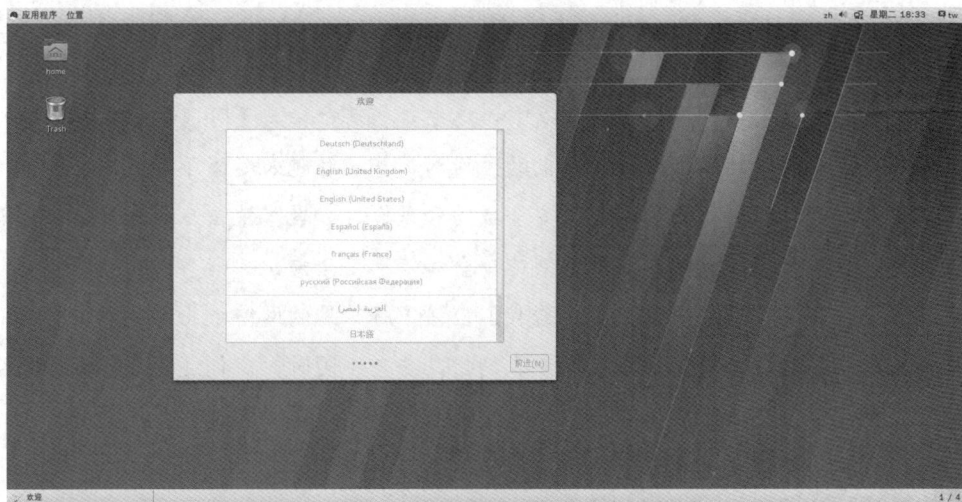

图 1-41

(16) 登录成功。登录成功后，将打开图 1-42 所示的界面。至此，RHEL 7 系统的安装和部署工作已完成。

图 1-42

素养园地

网络安全与信息安全

网络安全和信息安全的重要性不言而喻，这也是当前社会中不可忽视的议题之一。随着互联网的普及和技术的迅猛发展，我们的生活和工作已经越来越离不开计算机和网络。然而，正因为如此，我们也面临着各种安全威胁和风险，如黑客攻击、数据泄露、恶意软件等。因此，作为学员，我们需要具备网络安全和信息安全意识。

具备网络安全和信息安全意识意味着我们应该了解常见的网络攻击方式和安全漏洞，并采取相应的防护措施，以保护自己和他人的信息安全。同时，我们还要遵守网络安全法律法规和道德规范，不进行非法操作，不侵犯他人隐私。这是我们作为公民的责任，也是维护网络空间秩序的重要一环。

与此同时，Linux 作为一个开源操作系统，不仅为我们提供了强大的技术支持，也鼓励我们参与到开源社区中。开源社区是一个充满活力和创新的环境，它鼓励人们分享自己的代码和经验，共同推动软件和技术的发展。我们作为学员，应该积极参与到开源社区中，分享自己的代码，与他人交流和学习。这不仅有助于提升自己的技术水平，也是为社会做贡献的一种方式。

当我们在使用软件和系统遇到问题时，应该保持积极的态度，积极探索解决问题的方法和思路。培养独立思考和解决问题的能力是我们成长过程中不可或缺的一部分。同时，持续学习也是非常重要的，只有不断更新知识和技能，才能跟上时代的步伐，更好地应对各种挑战。

作为学员，我们还应牢记国家和社会责任。社会主义核心价值观提出了富强、民主、文明、和谐的社会主义现代化国家的目标，我们应该以这些核心价值观为指引，在学习和工作中践行这些价值观。我们应该为国家的发展和社会的进步贡献自己的力量，为构建和谐、宜居的社会作出努力。

综上所述，强化网络安全和信息安全意识、参与开源社区、培养独立思考和解决问题的能力、持续学习，以及承担国家和社会责任等，都是我们作为学员在成长过程中应该重视的方面。通过不断努力，我们可以更好地保护自己和他人的信息安全，为技术的发展和社会的进步做出积极贡献，同时促进自身的成长和发展。

单元小结

➤ Linux 系统与 Windows 系统的区别
➤ 虚拟机安装与配置过程中的注意事项
➤ RHEL 7 安装过程中的注意事项

单元自测

■ 一、选择题

1. 安装虚拟机操作系统时需要选择(　　)。

   A. 稍后安装操作系统　　　　　　　B. 安装程序光盘镜像文件

   C. 安装程序光盘　　　　　　　　　D. 默认选择即可

2. 安装 Linux 系统的过程中，关于设置 root 用户密码说法正确的有(　　)。

   A. root 密码只能设置强密码　　　　C. 实际工作环境需要设置强密码

   B. root 密码可以设置为弱密码　　　D. 密码可以随意设置

3. 在虚拟机中安装 Linux 系统时，需要注意的事项有(　　)。

   A. 分配足够的硬盘和内存资源

   B. 选择正确的 Linux 发行版

   C. 检查虚拟机软件是否支持 Linux

   D. 执行安装前备份关键数据

4. Linux 系统安装完成后，进入系统的步骤是(　　)。

    A. 按住 Ctrl+Alt 键的同时按 Del 键

    B. 单击虚拟机操作系统即可进入

    C. 按 Enter 键即可进入

    D. 按住 Shift 键的同时按 Esc 键

5. 在虚拟机中安装 Linux 系统时，选择(　　)虚拟网络类型可以使虚拟机与主机网络相同。

    A. NAT   B. Host-Only

    C. Bridged   D. Custom

■二、问答题

1. 虚拟机配置中提供的 3 种网络模式的区别是什么？

2. 在使用虚拟机安装 Linux 系统时，为什么要先选择"稍后安装操作系统"，而不是直接选择 RHEL 7 系统镜像光盘？

■三、上机题

在虚拟机中安装 CentOS 操作系统，并创建一个名为 user01 的用户。

初识Linux系统概念及命令

课程目标

项目目标

❖ 了解 Linux 系统的基本概念

❖ 完成对 Linux 命令行终端及命令的初步认识

技能目标

❖ 熟悉命令行终端字段含义

❖ 掌握 Linux 一般命令格式

❖ 掌握 ls 命令

❖ 掌握常用的快捷方式

素质目标

❖ 培养社会责任感

❖ 树立正确的世界观、人生观和价值观

简介

　　本单元主要介绍 Linux 的相关概念，帮助我们深入了解该系统，掌握 Linux 命令行的字段含义和命令格式，学会辨别目录和文件，以及理解不同颜色代表的文件含义。同时，我们将尝试学习第一个命令，并灵活应用该命令。

　　本单元学习过程中涉及文件权限和程序库等内容的概念。我们应遵守信息安全和网络安全法律法规，以及道德规范，不进行非法操作，不侵犯他人隐私。Linux 系统是一个可持续发展的系统，涉及资源利用的问题，因此我们应增强环保意识和社会责任感。

任务 2.1　了解 Linux 系统的基本概念

2.1.1　任务描述

　　了解 Linux 系统的基本概念是使用和管理 Linux 系统的前提。通过学习这些概念，可以更好地理解 Linux 系统的运行机制和原理，并提高使用和管理 Linux 系统的能力。因此，本单元的任务首先是学习与系统相关的内核、终端、文件系统和程序库等概念。

　　最终，为了更好地理解相关概念，我们将对上述内容进行总结和归纳。

2.1.2　知识学习

　　Linux系统是一种开源、免费的操作系统，具有高度的可定制性和安全性。下面将详细介绍Linux系统的基本概念。

1. 内核(kernel)

　　Linux 系统的内核是软件和硬件之间的一个中间层，负责将应用程序请求传递给硬件，并作为底层驱动程序，对系统中的各种设备和组件进行寻址。Linux 内核采用层次结构，每个进程都依赖于一个父进程，并支持模块的动态加载、卸载和裁剪。Linux 内核是基于UNIX 系统的单片计算机操作系统内核，可以是单片、微内核或混合内核形式。目前，许多 Linux 操作系统系列(通常称为 Linux 发行版)都基于 Linux 内核，并提供了包管理器等工具来管理系统软件的安装、更新和卸载。

　　内核由两部分组成：用户空间和内核空间。用户空间又由应用程序和 C 库两部分组成，而内核空间由核心内核、设备驱动程序和硬件三部分组成，如图 2-1 所示。

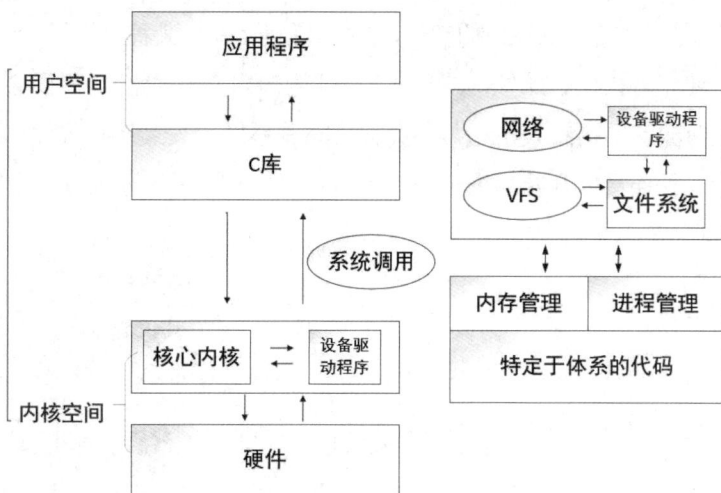

图 2-1

2. 终端(terminal)

Linux 系统的终端是一种命令行界面，它提供了一个基于文字的交互式用户界面，使用户可以执行各种操作系统命令和程序，而无须使用图形化用户界面。Linux 终端通过 Shell 作为解释器来执行用户所输入的命令，并将结果输出到终端窗口中。

在 Linux 系统中，终端是非常重要的工具。它可以让用户在没有图形化用户界面的情况下，通过命令行执行各种操作，如文件管理、文本编辑、软件安装、进程管理等。此外，终端也是编程、调试和系统管理的重要工具，因为它可以使用户更直接地与操作系统进行交互。

常见的 Linux 终端有 Bash、Zsh、Fish 等，它们都提供了丰富的命令行工具和函数库，能够大大提高用户的工作效率。此外，由于 Linux 系统的开源特性，终端也可以根据不同的需求进行自定义配置，如更改主题、设置别名、添加自定义函数等。

总之，Linux 终端作为一种重要的命令行交互界面，为用户提供了强大而灵活的工具，能够让用户更直接地与系统进行交互。

3. Shell

通常来讲，计算机硬件是由运算器、控制器、存储器、输入/输出设备等共同组成的，而让各种硬件设备各司其职并协同工作的是系统内核。Linux 系统的内核负责完成对硬件资源的分配、调度等管理任务。由此可见，系统内核对计算机的正常运行来讲是至关重要的，因此一般不建议直接编辑内核中的参数，而是让用户通过基于系统调用接口开发出的程序或服务来管理计算机，以满足日常工作的需要，如图 2-2 所示。

必须肯定的是，Linux 系统中有些图形化工具，如逻辑卷管理器(logical volume manager，LVM)，确实非常好用，极大地降低了运维人员操作出错的概率，值得称赞。但是，很多图形化工具其实是调用了脚本来完成相应的工作,往往只是为了完成某种工作而设计的,缺乏 Linux 命令原有的灵活性和可控性。此外,图形化工具相较于 Linux 命令行界面会更加消耗系统资源。因此,经验丰富的运维人员通常不会在 Linux 系统上安装图形界面,而是直接通过命令行模式进行远程连接以开始运维工作。不得不说,这样的做法确实非常高效。

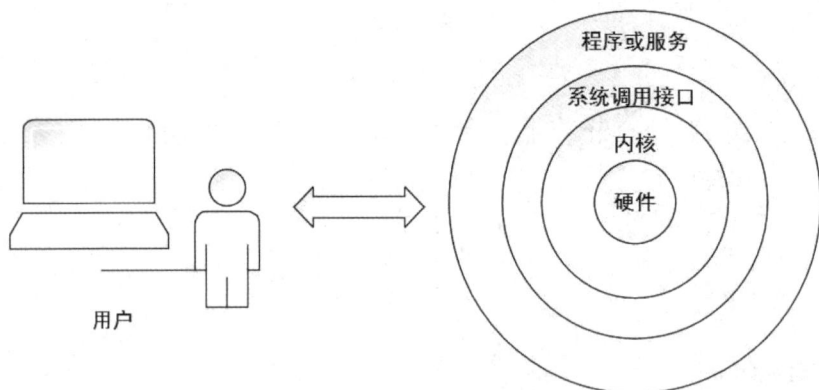

图 2-2

　　Shell(也称为终端或壳)就是这样的一个命令行工具。Shell 充当的是人与内核(硬件)之间的翻译官,用户将一些命令"告诉"终端,它就会调用相应的程序服务去完成某些工作。现在包括红帽系统在内的许多主流 Linux 系统默认使用的终端是 Bash(Bourne-Again SHell)解释器。主流 Linux 系统选择 Bash 解释器作为命令行终端主要有以下 4 项优势(我们可以在今后的学习和生产工作中细细体会 Linux 系统命令行的美妙之处)。

➢　通过上下方向键来调取已经执行过的 Linux 命令。

➢　命令或参数仅需输入前几位字母就可以用 Tab 键补全。

➢　具有强大的批处理脚本。

➢　具有实用的环境变量功能。

4. 文件系统(file system)

　　Linux 使用一种树形结构的文件系统来组织和存储文件。文件系统中包含多个目录(directory),目录可以包含文件和子目录,同时每个目录都有一个唯一的路径标识符。

　　Linux 系统支持多种文件系统,其中较常用的有以下几种。

　　(1) Ext4。Ext4 是 Linux 系统中最常用的文件系统之一,其支持的文件和目录名长达 255 个字符,最大文件大小为 1EB(1Exabyte,等于 10^{18} 字节),同时支持日志功能,提高了磁盘写入效率和文件系统恢复速度。

　　(2) Btrfs。Btrfs 是一种比 Ext4 更先进的文件系统,其特点是支持快照、压缩、文件副本、数据校验等功能。这使得用户可以在不损失性能的情况下,轻松地进行备份、恢复和合并操作。

(3) XFS。XFS 主要针对大容量文件系统设计，并能够支持大文件、高效的磁盘利用率和高速磁盘 I/O，因此被广泛应用于生产环境。

(4) NTFS。NTFS 是由微软公司开发的文件系统，也适用于 Linux 系统。NTFS 支持大文件和长文件名，同时具备高级安全特性和容错能力。

总之，Linux 系统的文件系统包括多种类型，而不同的文件系统在支持的文件和目录大小、读写性能、安全和稳定性方面存在一定的区别，用户需要根据自身需求来选择合适的文件系统类型。

5. 用户和权限(user & permissions)

Linux 系统中所有的操作都是由一个或多个用户执行的。用户可以拥有不同的权限，例如超级管理员(root)拥有最高权限，普通用户的权限则受限于系统管理员所设置的规则。为了保护系统安全，Linux 还提供了基于文件、目录和用户组的权限控制机制。

相关内容将在单元五中详细介绍。

6. 程序库(library)

Linux 的程序库是指在 Linux 操作系统中，为了提高代码复用性和模块化设计，将常用函数、数据结构和类组织在一起形成的一种共享代码集合。程序库通常是由一组预编译的二进制文件或共享对象文件组成，使得开发者可以通过调用程序库中已经提供的函数来完成特定的任务。

在 Linux 系统中，程序库通常包括两种类型：静态库和动态库。静态库将函数库的代码编译到可执行文件中，因此它与可执行文件捆绑在一起；而动态库则是在运行时动态加载到内存中，并由多个程序共享使用。

程序库的作用是提供常用函数的共享，避免重复代码，同时也减轻了应用程序的开发量。因此，程序库在 Linux 软件开发中得到了广泛的应用。C 语言的标准库和第三方程序库，如 Glibc、GTK+和 Qt 等，都是典型的例子。

总之，Linux 的程序库是一种共享代码集合，能够提供常用函数的共享和重用，从而提高开发效率和程序的可维护性。

7. 网络(network)

Linux 通过网络协议栈来实现网络通信，支持各种网络协议，如 TCP/IP、UDP、ARP 等。Linux 的网络子系统提供了多种工具和命令，方便用户进行网络配置、管理和故障排除。

8. 包管理器(package manager)

Linux 包管理器是一种软件管理工具，用于在 Linux 操作系统中安装、升级、配置和删除软件包。用户可以将其视为 Linux 系统中的应用商店，负责下载、安装和管理各种应用程序。

常见的 Linux 包管理器如下。

(1) APT (Advanced Packaging Tool)。APT 是 Debian 及其派生发行版(如 Ubuntu)中使用的包管理器。它支持通过命令行或图形界面查找、更新、安装和删除软件包，同时具有自动依赖性处理功能，能够自动下载并安装相关依赖软件包。

(2) YUM (Yellowdog Updater, Modified)。YUM 是 Red Hat 及其衍生发行版(如 CentOS 和 Fedora)中使用的包管理器。它也可以通过命令行或图形界面进行软件包的查找、更新、安装和删除，同时也支持依赖性处理。

(3) Pacman。Pacman 是 Arch Linux 中使用的包管理器，它简单易用，能够处理依赖关系，支持自动构建软件包、群组与插件等特性。通过 Pacman，用户可以方便地安装或卸载软件包，并查看可用软件包的详细信息。

总之，Linux 包管理器是一种重要的软件管理工具，它使得用户可以方便地查找、下载、更新和删除软件包，提高了操作系统中软件包的管理效率。

除了上述提到的内容，我们还必须了解以下概念。

➢ 多用户系统：允许多个用户同时登录系统，并共享系统资源。

➢ 多任务系统：支持同时执行多个任务。

➢ 严格区分大小写：命令、选项、参数、文件名和目录名均严格区分大小写。

➢ 树形结构：无论是文件还是目录，都是以倒挂的树形结构存在于系统的根目录"/"下，根目录是 Linux 系统的起点。

➢ 文件和目录的扩展名：在 Linux 系统中，目录和文件没有扩展名的概念，常见的扩展名包括 sh(脚本文件)、conf(程序配置文件)、log(日志文件)、rpm(软件包)和 tar(压缩包)。这些扩展名有助于用户和程序更方便地识别文件类型。

➢ 提示的意义：没有提示就是最好的提示(即表明操作成功)。

➢ 回收站：Linux 系统没有回收站功能。

总体来说，Linux系统是一个高度自由、可定制且开放的操作系统，涵盖了众多的核心概念和重要组件。深入理解这些概念和组件，可以帮助用户更好地掌握 Linux 系统的使用、优化和开发。

2.1.3　任务实现

学习以上内容后，我们对 Linux 系统的基本概念进行了总结归纳，如表 2-1 所示，以便于记忆。

表 2-1

概念/组件	描述
内核	内核充当设备软件和硬件之间的桥梁，负责将应用程序请求传递给硬件，并作为底层驱动程序对系统中的各种设备和组件进行寻址。Linux 内核采用层次结构，每个进程都依赖于一个父进程，并支持模块的动态装卸。Linux 内核是基于 UNIX 系统的单片计算机操作系统内核
终端	终端是一种命令行界面，提供基于文字的交互式用户接口，使用户可以执行各种操作系统命令和程序，而无须使用图形化用户界面。Linux 终端通过 Shell 作为解释器来执行用户所输入的命令，并将结果输出到终端窗口中
Shell	Shell(也称为终端或壳)充当用户与内核(硬件)之间的翻译官。用户将命令输入到终端，终端会调用相应的程序服务以完成特定任务
文件系统	Linux 使用一种树形结构的文件系统来组织和存储文件。文件系统中包含多个目录，目录可以包含文件和子目录，同时每个目录都有一个唯一的路径标识符
用户和权限	Linux 系统中所有的操作都是由一个或多个用户进行的。用户可以拥有不同的权限，例如超级管理员(root)拥有最高权限，普通用户的权限则受限于系统管理员所设置的规则。为了保护系统安全，Linux 还提供了基于文件、目录和用户组的权限控制机制
程序库	在 Linux 操作系统中，为了提高代码复用性和模块化设计，常用的函数、数据结构和类被组织在一起，形成的一种共享代码集合，这被称为程序库。程序库通常由一组预编译的二进制文件或共享对象文件组成，使得开发者可以通过调用程序库中提供的函数来完成特定任务
网络	Linux 通过网络协议栈来实现网络通信，支持各种网络协议，如 TCP/IP、UDP、ARP 等。Linux 的网络子系统提供了多种工具和命令，使得用户可以方便地进行网络配置、管理和故障排除
包管理器	包管理器是一种软件管理工具，用于在 Linux 操作系统上安装、升级、配置和删除软件包。它可以被视为 Linux 系统中的应用商店，用于下载、安装和管理各种应用程序。常见的 Linux 包管理器包括 APT、YUM、Pacman 等

任务 2.2　认识命令行终端及命令格式

2.2.1　任务描述

通过了解命令行终端字段的含义，可以更好地理解终端中显示的命令的结构和作用。这有助于用户更有效地使用和管理 Linux 系统。命令行的一般命令格式指的是指用户在终端中输入的每个命令的格式和结构。掌握命令行的格式，可以更好地理解每个命令的结构和作用，并减少输入错误的可能性。本节将学习命令行终端的各个字段含义以及命令行的组成部分，并形成表格以便于记忆。

2.2.2　知识学习

1. 字段含义

在 Linux 中，命令行终端的各个字段含义如下。

```
[username@hostname current_directory]$
```

参数说明如下。
- username：表示当前登录用户的用户名。
- hostname：表示当前计算机的主机名。
- current_directory：表示当前工作目录的位置。
- $：表示当前用户的身份为普通用户(普通用户的家目录为/home/用户名同名)。

示例 1：如果当前登录的用户名是本地用户 tw，所在计算机的主机名是 localhost，当前工作目录的位置为/home/tw，命令行终端应显示如下。

```
[tw@localhost ~]$
```

示例 2：如果当前登录的用户为超级管理员 root，所在计算机主机名是 linux，当前工作目录为家目录，命令行终端应显示如下。

```
[root@linux ~]#
```

参数说明如下。
- root：当前登录系统的用户名(超级管理员)。
- linux：当前主机名。
- ~：表示当前用户所在目录(~代表家目录)，超级管理员的家目录为/root。
- #：表示当前用户身份为超级管理员。

总之，在 Linux 中，命令行终端的各个字段分别表示用户名、主机名、当前工作目录的位置和命令提示符。

2. 命令格式

在 Linux 系统中，命令行的一般命令格式通常包括以下几个部分。

```
command [options] [arguments]
```

```
//注释为中文
命令字[-选项][-参数]
```

参数说明如下。

➢ command：表示要执行的命令，如ls、cd、pwd等。

➢ option：表示命令选项，用于控制命令行的行为和输出，用短横线"-"或双短横
线"--"接在命令后面，如-l、-a、--help等。

选项说明如下。

✧ 短选项：如-l、-a(单个字符)，可以合并使用，例如-la、-lh。

✧ 长选项：如--help(包含完整单词)，通常不能合并使用。

➢ argument：表示命令的参数，通常是要执行的对象或指定的选项参数，可以有一
个或多个，例如文件名、目录名等。

下面以ls -l /home命令为例，解释上述三个部分的含义。

➢ ls：表示要执行的命令。

➢ -l：表示命令选项，这里指的是以长格式输出文件信息。

➢ /home：表示命令的参数，这里表示要显示/home目录下的所有文件和目录的详
细信息。

需要注意的是，命令的选项和参数的顺序可以任意组合，但一般的规范是先写选项，
再写参数。另外，命令行中还有许多元字符或特殊符号，如管道符"|"、重定向符">"、
文件通配符"*"等，它们也可以在命令行中使用，用于对命令的执行进行进一步控制。

总之，Linux 中的命令行一般命令格式包括命令、选项和参数三个部分，其中选项和
参数的顺序可以任意组合。此处，元字符或特殊符号也可以在命令行中使用，以对命令的
执行进行进一步控制。

2.2.3　任务实现

学习完命令行终端及命令格式后，我们将相关内容总结归纳于表 2-2 和表 2-3 中。

表 2-2

字段	含义
username	当前登录用户的用户名
hostname	当前计算机的主机名
current_directory	当前工作目录的位置
$	普通用户身份(家目录为/home/用户名)
#	超级管理员身份(家目录为/root)

表 2-3

命令格式	解释
command	要执行的命令，如 ls、cd、pwd 等
options	命令选项，用于控制命令行的行为和输出，用短横线 "-" 或双短横线 "--" 接在命令后面，如-l、-a、--help 等
arguments	命令的参数，一般是要执行的对象或者指定的选项参数，可以有一个或多个，例如文件名、目录名等

任务 2.3　学习辨别目录和文件的方法

2.3.1　任务描述

在 Linux 系统中，目录和文件是组织和管理系统资源的基本单位。学习辨别目录和文件的方法是使用 Linux 系统的基本技能之一，这将有助于提高工作效率。本节的任务是学习如何辨别 Linux 中的目录和文件。

2.3.2　知识学习

在 Linux 系统中，可以使用 ls 命令来列出当前目录下的所有文件和子目录。ls 命令默认会使用不同的颜色对文件和目录进行标识，以方便用户辨别。

具体来说，Linux 系统中一般的规范如下。

➢ 蓝色：表示目录(Windows 系统中的文件夹)。

➢ 白色：表示文本文件。

➢ 浅蓝色：表示链接文件(类似于 Windows 系统中的快捷方式)。

➢ 绿色：表示可执行文件(如脚本和命令程序文件)。

➢ 红色：表示压缩文件。

➢ 黄色：表示设备文件(如硬盘、网卡和 CPU 硬件设备，以文件形式存在)。

➢ 红色闪烁：表示链接文件不可用(需要查看文件的详细属性以确认)。

例如，在当前用户的 home 目录下，我们可以使用 ls 命令来查看其中的文件和目录，如图 2-3 所示。

```
[tw@linux ~]$ ls
公共  模板  视频  图片  文档  下载  音乐  桌面
```

图 2-3

通过观察各个文件和目录的颜色，用户可以轻松地区分它们的类型，例如：

➢　公共、模板、视频、图片、文档、下载、音乐、桌面等目录均以蓝色表示。

➢　其他一般文件则用白色表示。

总之，Linux 系统通常会用不同的颜色来区分文件和目录，以方便用户进行辨别。而 ls 命令通过默认的颜色方案提供这些区分，用户可以根据颜色判断某个文件是目录还是普通文件。

2.3.3　任务实现

为了便于记忆，我们将上述内容整理在表 2-4 中。

表 2-4

文件类型	颜色
目录	蓝色
文本文件	白色
链接文件	浅蓝色
可执行文件	绿色
压缩文件	红色
设备文件	黄色
不可用的链接文件	红色闪烁

任务 2.4　学习第一个命令及常用快捷键

2.4.1　任务描述

ls 是 Linux 系统中非常常用的命令之一，用于列出当前目录下的文件和子目录。通过学习 ls 命令，用户可以更好地了解 Linux 系统的文件和目录管理。这实际上也是对前面第三个任务的补充，学习后可以更方便地进行目录和文件的查看操作。此外，我们即将进入常用命令的学习，因此会先介绍一些常用的快捷方式。

2.4.2　知识学习

我们将学习 Linux 中的第一个命令——ls。ls 命令用于列出目录下的内容及其详细属性信息。

格式：ls [-选项...] [参数...]

常用选项如下。

➤ -a：显示目录下所有内容，包括隐藏文件。

➤ -l：显示目录下的内容及详细属性。

➤ -h：以 KB、MB、GB 等单位显示文件大小。

➤ -d：仅显示目录本身，而不显示目录下的内容。

➤ -R：递归查看目录下所有内容(从头到尾)。

➤ -i：查看文件或目录的 inode 号。

在 Linux 命令行中，有许多快捷方式可以帮助我们更快速地进行操作。常用的快捷键如下。

➤ 上下键：调出历史命令。

➤ Ctrl + C：废弃当前命令行中的命令，取消当前执行的命令，例如 ping、tail -f。

➤ Ctrl +L 或 clear：清屏。

➤ Tab 键：自动补全命令、文件路径、文件名和软件名称。

➤ Ctrl + A：将光标移动至行首。

➤ Ctrl +E：将光标移动至行尾。

➤ Ctrl + U：清空光标前的内容。

➤ Ctrl + W：删除一个单词。

➤ exit 或 logout：退出系统(并不是关机，而是退出当前用户会话)。

以上是一些比较常用的 Linux 命令行快捷键。需要注意的是，Linux 中的这些快捷键大多是基于 readline 库实现的，而不同的 Linux 发行版和终端模拟器可能会有所不同。因此，在使用时需要根据实际情况进行调整。

2.4.3　任务实现

查看某个目录下的内容，命令示例如下。

(1) 显示当前目录下的所有内容(未加任何参数选项，单独使用)。

```
[tw@linux ~]$ ls
```

(2) 查看根目录下的所有内容。

```
[tw@linux ~]$ ls   /
bin dev home lib64 mnt proc run srv tmp var boot etc lib media opt root sbin sys usr
```

(3) 查看/etc 目录下的所有内容。

```
[tw@linux ~]$ ls   /etc
```

(4) 查看/bin 目录下的所有内容。

```
[tw@linux ~]$ ls   /bin
```

(5) 查看/dev 目录下的所有内容。

```
[tw@linux ~]$ ls   /dev
```

参数组合使用示例：使用 ls 命令的"-a"参数可以查看所有文件(包括隐藏文件)，使用"-l"参数可以查看文件的属性、大小等详细信息。将这两个参数整合后，再执行 ls 命令，即可查看当前目录中的所有文件及其属性信息，如图 2-4 所示。

```
[tw@linux ~]$ ls -al
总用量 32
drwx------.  14 tw     tw    4096 4月    4 18:33 .
drwxr-xr-x.   3 root  root    15 4月    5 02:31 ..
-rw-r--r--.   1 tw     tw      18 1月   29 2014 .bash_logout
-rw-r--r--.   1 tw     tw     193 1月   29 2014 .bash_profile
-rw-r--r--.   1 tw     tw     231 1月   29 2014 .bashrc
drwx------.   8 tw     tw    4096 4月    4 18:34 .cache
drwxr-xr-x.  15 tw     tw    4096 4月    4 18:34 .config
-rw-------.   1 tw     tw      16 4月    4 18:33 .esd_auth
-rw-------.   1 tw     tw     314 4月    4 18:33 .ICEauthority
drwx------.   3 tw     tw      18 4月    4 18:33 .local
drwxr-xr-x.   4 tw     tw      37 4月    5 02:25 .mozilla
drwxr-xr-x.   2 tw     tw       6 4月    4 18:33 公共
drwxr-xr-x.   2 tw     tw       6 4月    4 18:33 模板
drwxr-xr-x.   2 tw     tw       6 4月    4 18:33 视频
drwxr-xr-x.   2 tw     tw       6 4月    4 18:33 图片
drwxr-xr-x.   2 tw     tw       6 4月    4 18:33 文档
drwxr-xr-x.   2 tw     tw       6 4月    4 18:33 下载
drwxr-xr-x.   2 tw     tw       6 4月    4 18:33 音乐
drwxr-xr-x.   2 tw     tw       6 4月    4 18:33 桌面
```

图 2-4

注意，以上命令用于查看详细属性时，会看到有以"d"开头和以"-"开头的文件。这两者分别代表什么意思呢？我们先了解一下系统的文件类型。

➤　"-"表示普通文件。

➤　"d"表示目录。

➤　"l"表示链接。

如果想要查看目录属性信息，需要额外添加一个"-d"参数。例如，可使用图 2-5 所示的命令查看/etc 目录的权限与属性信息。

```
[tw@linux ~]$ ls -ld /etc
drwxr-xr-x. 132 root root 8192 4月    4 18:31 /etc
```

图 2-5

素养园地

新时代青年的技术责任和社会担当

在本单元的学习过程中，我们接触到了文件权限和程序库等概念。然而，我们不仅要学习技术知识，更要培养责任和意识。作为新时代的大学生，我们应该遵守信息安全和网络安全的法律法规和道德规范，不进行任何非法操作，不侵犯他人的隐私。

Linux 系统作为一个可持续发展的系统，我们应该更加关注资源的利用问题。这不仅仅是技术层面的考虑，更是一个环保意识和社会责任感的体现。我们应该时刻牢记，资源的浪费不仅对环境造成了负面影响，也违背了社会主义核心价值观中的节约和可持续发展的原则。

作为社会的一员，我们有着更广泛的责任和义务。我们应该积极参与到国家的建设中，为社会的进步贡献自己的力量。社会主义核心价值观强调了爱国、敬业、诚信、友善等价值观，我们应该以这些价值观为指导，树立正确的世界观、人生观和价值观，努力成为有责任感和担当精神的新时代青年。

在学习的过程中，我们不仅仅是在获取知识，更是在接受一种思想的熏陶和洗礼。通过学习文件权限和程序库等概念，我们应该进一步认识到自己是一个社会主义事业的参与者和推动者。除了不断提升自身的技术水平，我们还应该注重培养社会责任感，将所学技术应用于国家和社会的发展中。

因此，我们要牢记思政内容中强调的信息安全和网络安全的法律法规和道德规范，树立环保意识和社会责任感，遵循社会主义核心价值观的指导，为实现国家的繁荣富强和社会的和谐稳定而努力奋斗。只有这样，我们才能成为有担当、有责任感的新时代青年，为建设美好的社会作出贡献。

单元小结

- ➢ Linux 系统的基本概念
- ➢ 命令行终端各字段的含义
- ➢ 命令行的一般命令格式
- ➢ 辨别目录和文件的方法
- ➢ ls 命令及其选项和参数的灵活使用
- ➢ 命令的快捷方式

单元自测

■ 一、选择题

1. 主流 Linux 系统选择(   )解释器作为命令行终端。

    A. Bash   B. Zsh   C. Fish   D. Cshell

2. 在 Linux 中,(   )命令用于列出当前目录下的所有文件和文件夹(   )。

    A. ls -a   B.   ls -l

    C. ls -h   D.   ls -s

3. Bash 解释器的优势有(   )。

    A. 通过上下方向键来调取已经执行过的 Linux 命令

    B. 命令或参数仅需输入前几位就可以用 Tab 键补全

    C. 具有强大的批处理脚本

    D. 具有实用的环境变量功能

4. 在 Linux 系统中,压缩文件使用(   )表示。

    A. 白色   B. 红色   C. 蓝色   D. 绿色

5. 常见的包管理器有(   )。

    A. APT   B. YUM   C. Pacman   D. NPM

■ 二、问答题

1. 命令行终端各个字段的含义是什么?请以 root 用户登录时的终端为例进行解释。

2. 什么是包管理器?

■ 三、上机题

使用 ls 命令完成以下操作。

(1) 查看/bin 目录下的所有内容,包括隐藏文件。

(2) 查看当前目录下文件的大小。

(3) 查看/etc 目录下的所有内容,并展示详细属性及文件大小。

常用文件管理命令

课程目标

项目目标

完成对文件或目录的编辑管理

技能目标

❖ 掌握工作目录切换命令

❖ 掌握文本文件编辑命令

❖ 掌握文件目录管理命令

❖ 掌握常用的快捷方式

素质目标

❖ 培养沟通合作的能力

❖ 深化对国家与社会责任的认知

在 Linux 系统中，文件管理是非常重要的一项操作。掌握常用的文件管理命令可以提高我们的工作效率。本单元将主要介绍 Linux 文件管理的相关命令，包括命令格式、参数和选项等内容，并进行详细解读。

本课程旨在培养我们的实践能力，通过多次实践和任务分析，帮助我们逐渐掌握各种常用命令的使用方法和操作技巧。同时，课程将引导我们进行总结，以形成个人的学习方法和策略，进一步提升实践能力和创新意识。在实践操作过程中，由于需要多人协作和信息共享，因此有助于培养我们的沟通与合作能力，并提升文化素养，从而促进团队协作和集体智慧的发挥。

任务 3.1　学习文本文件编辑命令

3.1.1　任务描述

使用文本文件编辑命令来处理文本文件。背景：你所在的企业收到了一份包含文本内容的文件，但文件中的文本格式不正确，你需要使用命令将其修复后再发送给你的老板。具体来说，你需要删除每行文本开头的空格，并将每行文本的最后一个空格替换为"."。

为了实现以上任务，我们先来学习相关的文本文件编辑命令。

3.1.2　知识学习

1. pwd 命令

pwd 命令用于显示当前所在目录的完整路径名称。

格式：pwd[选项]

工作目录指的是用户当前在文件系统中所处的位置。由于工作目录涉及系统存储结构的相关知识，本书未对其进行详细介绍，因此初学者只需通过操作实验简单了解即可，无须完全掌握。这里需要注意的是，Linux 系统的知识体系非常庞大，每位初学者都需要经历一个逐步学习的过程。

示例如下：

```
[root@linux etc] # pwd
/etc
```

2. cd 命令

cd 命令用于切换工作路径。

格式：cd[目录名称]

cd 命令是 Linux 中比较常用的命令之一，能够快速、灵活地切换工作目录。除了常见的切换目录方式，用户还可以使用"cd -"命令返回上一次所处的目录；使用"cd.."命令进入上级目录；使用"cd~"命令切换到当前用户的家目录；使用"cd~username"命令切换到其他用户的家目录。例如，可以使用"cd 路径"的方式切换进/etc 目录中。

示例如下：

```
//使用 root 登录系统
[root@linux ~]# cd /etc
[root@linux    etc ]# pwd
/ etc
//切换到/bin 目录中
[root@linux    etc ]# cd /bin
//返回上一次的目录(即/etc 目录)
[root@linux    bin ]# cd -      //此处使用的是-,代表切换回上次的目录
/ etc
[root@linux    etc ]#
//快速切换到用户的家目录
[root@linux    etc ]# cd ~      //此处使用的是~,代表切换回用户的家目录
[root@linux ~]#
```

以上两个命令通常与 ls 命令结合使用。

示例如下：

```
[root@linux ~]# cd /bin
[root@linux bin]# pwd
/ bin
[root@linux bin]# ls -al
总用量  121928
dr-xr-xr-x.   2 root root        40960 5 月        5 02:29.
drwxr-xr-x. 13 root root         4096 5 月        5 02:25..
-rwxr-xr-x.   1 root root        41448 1 月        25 2014
-rwxr-xr-x.   1 root root       107824 1 月        27 2014 a2p
-rwxr-xr-x.   1 root root        11232 3 月        3 2014 abrt-action-analyze-backtrace
-rwxr-xr-x.   1 root root        11208 3 月        3 2014 abrt-action-analyze-c
```

3. cat 命令

cat 命令用于查看内容较少的纯文本文件。

格式：cat [选项] [文件]

Linux 系统中有多个用于查看文本内容的命令，每个命令都有其特点。cat 命令适用于

查看内容较少的文件。其名称来源于英文单词 cat(猫)，便于记忆。

常用选项如下。

-n：在查看文件时以行号的形式显示文件内容。

示例如下：

```
//查看文件内容
cat /etc/hosts
//查看网卡配置文件内容(注意，不同环境下网卡配置文件可能与示例中不一致)
cat /etc/sysconfig/network-scripts/ifcfg-eno16777736
//查看当前系统主机名配置文件的内容
cat /etc/hostname
//查看当前系统版本信息文件的内容
cat /etc/centos-release
//查看当前系统开机自动挂载配置文件的内容
cat /etc/fstab
//查看系统组基本信息文件的内容
cat /etc/group
//查看存放 DNS 配置文件的内容
cat /etc/resolv.conf
//使用"-n"以行号形式显示文件内容
cat -n /etc/passwd
cat -n /etc/hostname
cat -n /etc/fstab
cat -n /etc/group
cat -n /etc/services
```

4. echo 命令

在 Linux 系统中，echo 是一个常用的命令，用于输出指定的文本内容。

格式：echo[选项] [字符串]

其中，[选项]表示一些可选的参数，[字符串]则表示需要输出的字符串或变量。

常用参数说明如下。

➢ -n：不换行输出，即不在输出末尾添加换行符\n。

➢ -e：开启转义字符功能。该参数使 echo 命令识别特殊的转义字符，如\n 表示换行、\t 表示制表符等。

➢ -E：关闭转义字符功能(这是 echo 命令的默认行为)。

示例如下：

```
//输出固定字符串
echo "Hello World"
Hello World          //上述命令在终端中的输出内容
//输出变量
```

```
name="Tom"
echo "My name is ${name}"
My name is Tom        //上述命令在终端中的输出
//输出含有特殊字符的字符串
echo -e "This is a \n line"
This is a
line     //上述命令会在终端中输出的两行内容(\n 表示换行)
```

5. more 命令

more 命令用于查看纯文本文件(尤其是内容较多的文件)。

格式：more [选项] [文件]

当需要阅读长篇小说或非常长的配置文件时，使用 cat 命令可能并不适合。因为一旦使用 cat 命令读取长文本，信息会在屏幕上快速滚动，导致用户还没有来得及看到，内容就已经翻页了。因此对于长篇文本内容，推荐使用 more 命令来查看。more 命令会在底部以百分比的形式来提示用户已经阅读的内容量。用户可以使用空格键或回车键向下翻页。

示例如下：

```
//查看安装配置文件(长文件)
[root@linux ~]# more initial-setup-ks.cfg
#version=RHEL7
# X Window System configuration information
xconfig    --startxonboot
# License agreement
eula --agreed
# System authorization information
auth --enableshadow --passalgo=sha512
# Use CDROM installation media
cdrom
# Run the Setup Agent on first boot
firstboot --enable
# Keyboard layouts
keyboard --vckeymap=us --xlayouts='cn'
# System language
lang zh_CN.UTF-8
ignoredisk --only-use=sda
# Network information
network    --bootproto=dhcp --device=eno16777736 --onboot=off --ipv6=auto
network    --bootproto=dhcp --hostname=linux.tw
# Root password
rootpw --iscrypted $6$jiajyuVD1EPGhGrE$k0AaVtsvQRs/KfbmIAO3lQs6sv7AAh705DLtA.wpznEGPJV92.
GNmvHOYCZHVsxeoMA6TFrNUkGww1ygHSilJ0
# System timezone
timezone Asia/Shanghai --isUtc
user --name=tw --password=$6$VyTCF9uSxRAt29bR$aDf2RoT1SVtbUu2fEcBHM22UNaums2qBzIP4dKi.x
```

```
GXRAIPWeC.lB4DAe15e3tWlAV21MNzUBt7GMV0paNFRj/ --iscr
  ypted --gecos="tw"
  # System bootloader configuration
  bootloader --location=mbr --boot-drive=sda
  autopart --type=lvm
  # Partition clearing information
  clearpart --all --initlabel --drives=sda
  %packages
  @base
  @core
  @desktop-debugging
  --More--(88%)
```

6. head 命令

head 命令用于查看纯文本文档开头的前若干行内容。

格式：head [选项] [文件名]

在阅读文本内容时，往往很难保证能够按照从头到尾的顺序查看整个文件。例如，如果只想查看文本的前 20 行内容，该怎么办呢？这时 head 命令就可以实现目的。

head 命令默认显示文件开头的前 10 行内容。

常用选项说明如下。

➢ -n<行数>：显示文件的前 n 行内容。

➢ -q：不显示文件名。

➢ -v：始终显示文件名。

示例如下(可自行对照显示的行数)：

```
head /etc/passwd          //显示系统用户的账户信息前 10 行内容
head /etc/fstab           //显示系统已经安装的文件系统信息前 10 行内容
head /etc/group           //显示用户组的信息前 10 行内容
head /etc/hostname        //显示系统主机名文件前 10 行内容
head /etc/hosts           //显示网络配置信息
head /etc/sysconfig/network-scripts/ifcfg-ens32    // 显示网络接口设备 ens32 的设置
//指定显示文件前多少行内容
head -5 /etc/passwd       //显示系统用户的账户信息前 5 行内容
head -6 /etc/passwd       //显示系统用户的账户信息前 6 行内容
head -15 /etc/passwd      //显示系统用户的账户信息前 15 行内容
head -20 /etc/passwd      //显示系统用户的账户信息前 20 行内容
```

7. tail 命令

tail 命令用于查看纯文本文档末尾的若干行内容，或实时监控文件的持续更新内容。

格式：tail [选项] [文件]

在某些情况下，我们可能需要查看文本内容的最后 20 行，这时就可以使用 tail 命令。tail 命令的操作方法与 head 命令非常相似，只需执行"tail -n 20 文件名"命令即可查看文本内容的最后 20 行。tail 命令的一个强大功能是可以持续刷新一个文件的内容。当需要实时查看最新的日志文件时，这个功能特别有用。此时的命令格式为"tail -f 文件名"。

常用选项说明如下。

➢ -f：循环读取文件的最新内容。

➢ -n<行数>：输出文件的末尾 n 行内容。

➢ -q：不显示文件名。

➢ -v：始终显示文件名。

示例如下：

```
tail /etc/passwd
//使用"-n"指定显示文件末尾多少行内容
tail -5 /etc/passwd
tail -5 /etc/sysconfig/network-scripts/ifcfg-ens32
//动态查看文件内容
touch  t1
tail  -f  t1
//通过新建终端会话执行文件写入操作
echo 123>t1
```

8. tr 命令

tr 命令用于替换文本文件中的字符。

格式：tr[参数] [原始字符] [目标字符]

在很多情况下，我们希望快速地替换文本中的某些词汇，或者对整个文本内容进行替换。如果手动替换，工作量会非常大，尤其是需要处理大批量的内容时，进行手动替换几乎是不现实的。这时，就可以先使用 cat 命令读取待处理的文本，然后通过管道符将这些文本内容传递给 tr 命令进行替换操作。

常用参数说明如下。

➢ -c, --complement：指定反选字符集。

➢ -d, --delete：删除字符集。

➢ -s, --squeeze-repeats：去除字符集重复的部分。

➢ -t, --truncate-set1：截断 SET1，使其长度与 SET2 相同。

➢ --help：显示帮助信息。

➢ --version：显示版本信息。

➢ 原始字符集：指定需要转换的字符集。

➢ 目标字符集：指定目标字符集。

tr 命令的语法格式可以写为：

tr [-cdst][--help][--version][原始字符][目标字符]

示例如下(把某个文本内容中的英文全部替换为大写)：

```
cat   anaconda-ks.cfg | tr [a-z] [A-Z]   //将文件 anaconda-ks.cfg 中所有小写字母改为大写字母
//在家目录中创建一个 file.txt 文件，文件内容为：This is a test case (换行)with numbers 1, 2, 3, 4, 5, 6,
7, 8, 9, and 0
//将文件中的小写字母转换为大写字母
cat file.txt | tr '[:lower:]' '[:upper:]' > output.txt
//将文件中的空格替换为下画线
cat file.txt | tr ' ' '_' > output.txt
//删除文件中的数字
cat file.txt | tr -d '[:digit:]' > output.txt
//将文件中的换行符删除并压缩连续的空白字符
cat file.txt | tr -d '\n' | tr -s '[:space:]' > output.txt
//将文件中的特殊字符转换为问号并输出到屏幕
cat file.txt | tr -c '[:print:]' '?' > /dev/stdout
```

以上示例仅供参考。更多 tr 命令的使用方法可以通过在终端中输入 man tr 查看帮助信息。

9. wc 命令

wc 命令是 Linux 系统中的一个文本统计工具，用于计算指定文件或标准输入流中的行数、单词数和字符数等。

格式：wc [选项] [文件]

其中，[选项]表示可选的命令选项，[文件]表示需要进行统计的文件列表。当不指定文件列表时，wc 命令默认从标准输入读取数据。

常用选项说明如下。

➢ -c 或--bytes 选项：只显示文件的字节数。

➢ -w 或--words 选项：只显示文件的单词数。

➢ -l 或--lines 选项：只显示文件的行数。

➢ -m 或--chars 选项：只显示文件的字符数。

➢ -L 或--max-line-length 选项：只显示文件中最长行的长度。

示例如下：

```
//统计 passwd 文件的行数、字符数和字节数
wc /etc/passwd
43 87 2259 /etc/passwd
行数 单词 字节 文件名
```

```
//统计文件字节数
wc -c /etc/passwd
2259 /etc/passwd
//统计文件行数
wc -l /etc/passwd
43 /etc/passwd
wc -l /etc/fstab
11 /etc/fstab
```

以上仅是 wc 命令的一部分常用选项及使用示例，更多 wc 命令的使用方法可以通过在终端中输入 man wc 获取详细信息。

3.1.3 任务实现

经过前面多个命令的学习，我们已经具备了完成本节任务的能力。以下是本次任务的具体实现步骤。

(1) 打开终端，创建一个名为 input.txt 的文本文件，并使用 Vim 编辑器输入以下内容。

```
Hello World.This is a test.
Good Morning.Today is a beautiful day.
[root@linux ~]# touch input.txt
[root@linux ~]# vim input.txt
```

(2) 使用 cat 命令查看 input.txt 文件的内容。

```
[root@linux ~] # cat input.txt
Hello World.This is a test.
Good Morning.Today is a beautiful day.
```

(3) 使用 echo 命令创建一个名为 output.txt 的文件，用于存储处理后的文本。

```
[root@linux ~] # echo > output.txt
```

(4) 使用 more 命令逐行读取 intput.txt 的内容，并使用 tr 命令将每行开头的空格替换为".":

```
[root@linux ~] # more intput.txt | tr   -d '.' > output.txt
```

(5) 使用 head 命令查看 output.txt 文件的前 5 行内容。

```
[root@linux ~] # head output.txt
HelloWorld.Thisisatest.
GoodMorning.Todayisbeautifulday.
```

(6) 使用 tail 命令查看 output.txt 文件的最后 5 行内容。

```
[root@linux ~] # tail output.txt
HelloWorld.Thisisatest.
GoodMorning.Todayisbeautifulday.
```

(7) 使用 wc 命令统计 output.txt 文件的行数、字数和字符数。

```
[root@linux ~] # wc output.txt
3 15 52
```

任务 3.2　学习文件目录管理命令

3.2.1　任务描述

使用 Linux 命令管理文件和目录。背景：你的朋友给你发送了一个包含多个文件的目录，你需要使用 Linux 命令将这些文件复制到一个新的目录，并按照统一的命名规则重命名这些文件。此外，你需要删除一个空目录，并使用一个命令检查某个文件是否存在。

3.2.2　知识学习

1. mkdir 命令

mkdir 命令用于创建空白的目录。

格式：mkdir[选项]目录名称

在 Linux 系统中，文件夹是最常见的文件类型之一。

常用参数说明如下。

-p：递归创建多个目录(在一个不存在的目录下创建子目录)。

注意：

➢ 目录和文件的名称可以是除了 "/" 以外的任意名称；"/" 代表根目录，是路径的分隔符。

➢ 文件或目录的名称长度不能超过 255 个字符。

示例如下：

```
//在当前所在目录创建 test 目录
mkdir test
//在当前所在目录同时创建多个目录
mkdir test1 test2 test3
//指定在/tmp 目录下创建 abc 目录
```

```
mkdir /tmp/abc
//在指定目录下同时创建多个目录
mkdir /tmp/abc1 /tmp/abc2 /tmp/abc3
//在/opt 目录下创建 student 目录，同时在当前目录创建 student1、student 2 和 student 3
mkdir /opt/student student1 student2 student3
//mkdir 默认无法在一个不存在的目录下创建目录，需要使用-p 选项
mkdir /opt/xx/oo
mkdir: 无法创建目录"/opt/xx/oo": 没有那个文件或目录
mkdir /opt/a/b/c/d
mkdir: 无法创建目录"/opt/a/b/c/d": 没有那个文件或目录
//在/opt 目录下递归创建目录
mkdir -p /opt/xx/oo
mkdir -p /opt/a/b/c/d
```

以上仅是 mkdir 命令的一部分常用选项及使用示例。更多 mkdir 命令的使用方法可以通过在终端中输入 man mkdir 获取详细信息。

2. touch 命令

touch 命令用于创建空白文件或设置文件的时间。

格式：touch[选项][文件]

在创建空白的文本文件方面，touch 命令非常简便，甚至不需要过多解释。例如，执行 touch linux 命令可以创建一个名为 linux 的空白文本文件。对 touch 命令而言，较为复杂的操作主要体现在设置文件的时间属性上，包括修改时间(mtime)、文件权限或属性的更改时间(ctime)，以及文件的读取时间(atime)。

常用参数说明如下。

➤ -a：仅修改文件的"读取时间"(atime)。

➤ -m：仅修改文件的"修改时间"(mtime)。

➤ -d：同时修改"读取时间"(atime)和"修改时间"(mtime)。

示例如下：

```
//在当前路径创建空文件
touch hello
//在当前路径同时创建多个文件
touch t1 t2 t3 t4
//在指定路径同时创建多个文件
touch /opt/test1 /opt/test2 /opt/test3
//如果存在同名目录，将无法创建同名文件。如先创建一个名为 test 的目录，再使用 touch 命令尝试
创建同名文件，此时使用 ls 命令查看只会看到一个 test 目录(通常显示为蓝色)，而不会看到名为 test 的文
本文件(通常显示为白色)
    mkdir test
    mkdir: 无法创建目录"test": 文件已存在    //前面已经创建了 test，此处仅进行查看
    touch test
```

```
//如果存在同名文件时，touch 命令没有提示，但原有文件不会被覆盖
touch t1
```

接下来，我们先使用 ls 命令查看一个文件的修改时间，然后对该文件进行修改，最后使用 touch 命令将文件的时间设置为修改之前的时间(这种方法常被黑客使用)：

```
//继续之前的示例操作，查看 hello 的详细信息
ls -l hello
-rw-r--r--. 1 root root 0 4 月    21 16:58 hello
//使用 echo 命令修改 hello 文本文件内容
echo "hello world">> hello
//再次查看，发现日期已经改变
ls -l hello
-rw-r--r--. 1 root root 12 4 月    21 17:33 hello
//使用 touch 命令修改为之前的日期
touch -d "2023-04-21 16:58" hello
//再次查看，发现日期已改为之前日期
ls -l hello
-rw-r--r--. 1 root root 12 4 月    21 16:58 hello
```

3. cp 命令

cp 命令用于复制文件或目录。

格式：cp [选项]源文件　目标文件。

文件复制操作在日常工作中较为常见。在 Linux 系统中，复制操作可以分为以下几种情况。

➤　如果目标文件是目录，则会把源文件复制到该目录中。

➤　如果目标文件也是普通文件，则系统会提示是否覆盖该文件。

➤　如果目标文件不存在，则执行正常的复制操作。

常用参数说明如下。

➤　-p：保留原始文件的属性。

➤　-r：递归复制(用于目录)，包含该目录下所有的子目录和文件。

➤　-i：如果目标文件存在，则询问是否覆盖。

➤　-d：如果对象是链接文件，则保留该链接文件的属性。

➤　-a：相当于-pdr(即同时保留属性并递归复制)。

示例如下：

```
//复制当前目录下的文本文件到/opt 目录(相对路径方式)
 cp t1 /opt/
//复制文本文件到/opt 目录(绝对路径方式)
cp   /root/t2   /opt
//同时复制多个文件
```

```
cp t3 t4 /opt/
# 创建目录
mkdir abc
//使用-r 对目录执行复制
cp -r abc /opt
//同时复制多个目录
mkdir abc1 abc2 abc3
cp -r abc1 abc2 abc3 /opt
//复制 hello 文件到/opt 并重命名为 hello.txt
cp hello /opt/hello.txt
//复制 test 目录到/opt 并重命名为 test1
mkdir test
cp -r test /opt/test1
//使用 "." 配合 cp 命令进行复制
cd /etc/sysconfig/network-scripts/
cp /home/tw/t1 .
//保持属性不变情况下复制文件，假设 anaconda-ks.cfg 文件位于根目录
cp -p anaconda-ks.cfg /opt
cp：是否覆盖"/opt/anaconda-ks.cfg"？  y
//对比以上两个文件的详细属性信息(最后一次修改时间)
ls -l anaconda-ks.cfg
-rw-------. 1 root root 1192 4 月     23 09:12 anaconda-ks.cfg.
cp -r test /opt/public      //使用 cp -r 命令将 test 目录复制到/opt/public 目录下
cp -r test /opt/public      //使用 cp -r 命令将 test 目录复制到/opt/public 目录下，并保留原目录名称
```

4. mv 命令

mv 命令用于剪切(移动)文件或将文件重命名。

格式：mv[选项] 源文件 [目标路径|目标文件名]

剪切操作不同于复制操作，剪切操作会默认删除源文件，只保留剪切后的文件。如果在同一个目录中对一个文件进行剪切操作，实际上就是对该文件进行重命名。

常用参数说明如下。

➤ -i：交互式操作。在执行覆盖时，系统会提示用户进行确认。

➤ -f：强制执行，覆盖已存在的目标文件或目录(不会提示用户)。

➤ -v：显示详细信息。

示例如下：

```
//移动当前路径 hello 文件到/mnt 目录
mv hello /mnt
//同时移动多个文件
mv t1 t2 t3 t4 /mnt
//将/opt 目录下的文件移动到/mnt
mv /opt/test1 /opt/test2 /opt/test3 /mnt/
//移动目录 student1 到/mnt
```

```
mv student1 /mnt
//移动文件并重命名
mv file.txt /media/file
//移动目录并重命名
mv test /media/test1
```

注意：

➢ 移动操作会直接将源文件移动到目标目录，源文件在原位置将不再存在

➢ 复制操作会保留源文件，源文件依然存在。

5. rm 命令

rm 命令用于删除文件或目录。

格式：rm[选项]文件

在 Linux 系统中，删除文件时，系统会默认提示用户是否要执行删除操作。如果用户不想每次都看到此类提示信息，可以在 rm 命令后加上-f 参数来执行强制删除。此外，若要删除目录，则需要在 rm 命令后添加-r 参数，否则无法删除目录。

常用参数说明如下。

➢ -i: 在删除前系统会提示用户进行确认。

➢ -f: 即使原档案属性设为"只读"也将直接删除，无须逐一确认。

➢ -r: 递归删除目录及其下的所有目录和子目录。

➢ -v: 显示指令执行过程。

➢ -d: 直接删除空目录，删除之前必须具有写权限，并且该目录下不能有任何文件或子目录。

通过传递不同的参数，可以控制 rm 命令的行为。例如，使用 rm -i filename 系统会在删除指定的文件之前提示用户进行确认，使用 rm -rf dirname 可以递归地删除指定的目录及该目录下的所有文件和子目录，同时系统不会提示用户进行确认。

示例如下：

```
//在 mnt 目录下删除文本文件 t1、t3 和 t4
rm /mnt/t1 /mnt/t3 /mnt/t4
rm: 是否删除普通空文件 "/mnt/t1"? y
rm: 是否删除普通空文件 "/mnt/t3"? y
rm: 是否删除普通空文件 "/mnt/t4"? y
//在 mnt 目录下删除目录 t2
rm   -r   /mnt/t2
rm: 是否删除目录 "/mnt/t2"? y
//在 mnt 下删除目录 test1(不会出现提示，直接删除)
rm -rf /mnt/test1
//在 mnt 下删除 file 文件
```

```
rm -v /mnt/file
rm: 是否删除普通文件 "/mnt/file"
已删除"/mnt/file"
```

6. rmdir 命令

rmdir 用于删除空目录。

格式：rmdir [选项]目录名

示例如下：

```
//在/home/tw 下创建目录
mkdir t1 t2 t3
//在 t1 下创建 t1-1 目录
rmdir t1
rmdir: 删除 "t1" 失败: 目录非空
```

7. file 命令

file 命令用于查看文件的类型。

格式：file 文件名

在 Linux 系统中，文本、目录、设备等都被统称为文件，仅凭文件后缀无法确定具体的文件类型。用户可以使用 file 命令来查看文件类型。

示例如下：

```
//查看 root 目录下 anaconda-ks.cfg 文件类型
file anaconda-ks.cfg
anaconda-ks.cfg: ASCII text
//查看之前创建的 t1 文件类型
file t1
t1：directory
```

3.2.3 任务实现

在前面的学习中，我们已经掌握了管理文件和目录的相关命令。接下来，我们将运用这些命令来完成一个小任务。具体操作步骤如下。

(1) 创建一个名为 input_dir 的目录，并将一些文件复制到该目录。

```
[root@linux ~]# mkdir input_dir
[root@linux ~]# cp file1.txt   file2.txt   file3.txt   file4.txt   ./input_dir
```

(2) 进入 input_dir 目录，使用 touch 命令创建一个名为 new_file.txt 的新文件。

```
[root@linux ~]# cd input_dir
[root@linux input_dir]# touch new_file.txt
```

（3）使用 cp 命令将 file.txt 和 file2.txt 复制到名为 output_dir 的新目录中，并将它们重命名为 output_file1.txt 和 output_file2.txt。

```
[root@linux ~]# mkdir output_dir
[root@linux ~]# cp file1.txt file2.txt    ./output_dir
[root@linux ~]# mv ./output_dir/file1.txt    ./output_dir/output_file1.txt
[root@linux ~]# mv ./output_dir/file2.txt    ./output_dir/output_file2.txt
```

（4）使用 mv 命令将 input_dir 目录中的所有文件移动到名为 new_dir 的新目录中，并将它们重命名为 new_file1.txt、new_file2.txt、new_file3.txt 和 new_file4.txt。

```
[root@linux ~]# mkdir new_dir
[root@linux ~]# mv ./input_dir/* txt    ./new_dir
[root@linux ~]# mv ./new_dir/file1.txt     ./new_dir/new_file1.txt
[root@linux ~]# mv ./new_dir/file2.txt     ./new_dir/new_file2.txt
[root@linux ~]# mv ./new_dir/file3.txt     ./new_dir/new_file3.txt
[root@linux ~]# mv ./new_dir/file4.txt     ./new_dir/new_file4.txt
```

（5）使用 rm 命令删除名为 new_file3.txt 的文件。

```
[root@linux ~]# rm    ./new_dir/new_file3.txt
```

（6）使用 rm-r 命令删除名为"output_dir"的非空目录。

```
[root@linux ~]# rm -r    output_dir
```

（7）使用 file 命令检查 new_dir 目录中的所有文件是否都是文本文件。

```
[root@linux ~]# file    new_dir/*
```

====================◈◈◈◈◈◈◈ 素养园地 ▶▶▶▶▶▶▶====================

新时代青年的使命与担当

本单元旨在培养我们的实践能力，通过多次实践和任务分析，让我们逐渐掌握各种常用命令的使用方法和操作技巧。这不仅是技能的提升，更是总结与引导，从而形成自己的学习方法和策略，以此培养实践能力和创新意识。在实践操作过程中，多人协作和信息共享是必不可少的，这不仅可以提升沟通合作能力，也可以提升文化素养，这都是社会主义核心价值观的重要体现。

同时，大家要理解，我们所学习的知识和技能，并不仅仅是为了个人的发展，更是为了服务国家和社会。作为学生，我们要明白：作为新时代的青年，我们肩负着对国家和社会的责任。我们的每一次实践，每一次合作，都是在为将来的社会发展做出贡献。

在实践过程中，我们要践行社会主义核心价值观，尤其是"富强、民主、文明、和谐"的国家层面的价值目标，以及"自由、平等、公正、法治"的社会层面的价值取向。只有这样，才能真正理解，我们的每一次实践，都是在为实现中华民族伟大复兴的中国梦做出贡献。

因此，本单元素养内容不仅着眼于技能的培养，更要理解对国家和社会的责任，积极践行社会主义核心价值观，使我们在实践中成长为德智体美劳全面发展的新时代青年。我们要通过本课程的学习，明白只有通过不断实践和思考，不断探索和创新，才能成为具有国际竞争力的人才。同时，我们也要将社会主义核心价值观内化为自身行为准则，不断提高道德水平，成为具有高尚道德的人才。

综上所述，本课程素养内容旨在培养实践能力、创新意识和沟通能力，同时也要践行社会主义核心价值观，成为具有国际竞争力的高素质人才。

单元小结

➤ 常用的文本文件编辑命令
➤ 常用的文件目录管理命令
➤ 工作目录切换命令

单元自测

■ 一、选择题

1. 在 Linux 中，（   ）命令可以列出当前目录下的文件和文件夹。

   A. dir   B. list   C. cd   D. pwd

2. 在 Linux 中，（   ）命令可以创建一个新目录。

   A. mkdir   B. rmdir   C. touch   D. delete

3. Linux 中，用于将文件从一个位置移动到另一个位置的命令是（   ）。

   A. mv   B. cp   C. rm   D. touch

4. Linux 中，用于复制文件的命令是（   ）。

   A. mv   B. cp   C. rm   D. touch

5. Linux 中，用于删除文件的命令是(　　)。

A. mv　　　　　　B. cp　　　　　　C. rm　　　　　　D. touch

■二、问答题

1. 在使用 rm 命令删除文件或目录时，可使用哪个参数来避免二次确认？

2. 在 Linux 系统中，命令、命令参数及命令对象之间，通常应该使用什么来分隔？

■三、上机题

本题分为三个部分，每部分有多个任务，请按顺序完成(每个任务需要在终端中使用 Linux 文件管理命令来实现)。

(1) 基础操作。

➤ 任务一：创建一个目录。在用户主目录下创建一个名为 myfolder 的目录。

➤ 任务二：创建文件。在 myfolder 目录下创建一个名为 myfile.txt 的空文件。

➤ 任务三：复制文件。将 myfile.txt 复制到 myfolder 目录下，并命名为 mybackup.txt。

➤ 任务四：查看文件列表。使用 ls 命令查看 myfolder 目录下的文件列表。

(2) 进阶操作。

➤ 任务一：移动文件。将 mybackup.txt 移动到用户主目录下。

➤ 任务二：重命名文件。将 myfile.txt 重命名为 mydocument.txt。

➤ 任务三：递归复制目录。在用户主目录下创建一个名为 backup 的目录，并将 myfolder 目录及其所有内容复制到 backup 目录下。

➤ 任务四：查看文件详细信息。使用 ls 命令加上"-l"参数来查看 backup 目录下的文件详细信息。

(3) 高级操作。

➤ 任务一：删除文件。删除 mydocument.txt 文件。

➤ 任务二：递归删除目录。删除 myfolder 目录及其所有内容。

通过完成以上任务，用户将能够熟练运用 Linux 系统中一系列关键的文件管理命令，包括创建目录、创建文件、复制文件、移动文件、重命名文件、递归复制目录、查看文件详细信息、删除文件，以及递归删除目录等操作。这些基本操作在 Linux 系统中至关重要，掌握它们将极大地提升我们的工作效率和学习效果。

计算机硬件组成部分

课程目标

项目目标

完成对计算机系统状态的检测

技能目标

❖ 了解与 Linux 中计算机硬件组成部分相关的命令

❖ 掌握常用命令及其参数的使用方法

❖ 学会查看 CPU 信息、内存使用情况及磁盘空间等

素质目标

❖ 培养创新精神和实践能力

❖ 培养环境保护意识和可持续发展的观念

简介

　　Linux 是一种开源操作系统，因其稳定性、安全性和灵活性而广受欢迎。学习计算机硬件组成部分对于理解操作系统和进行系统管理至关重要。本单元将介绍 Linux 中与计算机硬件相关的命令，包括如何查看 CPU 信息、内存使用情况和磁盘空间等。

　　计算机硬件技术对国家发展非常重要。作为学生，我们应关注我国在计算机领域的发展和成就，紧跟最新的科技动态，了解科技如何服务于人类生活的各个方面。在使用计算机硬件的过程中，要增强环境保护意识和可持续发展的观念，注重节能环保和资源的有效利用。

任务 4.1 认识和学习 Linux 系统目录

4.1.1　任务描述

　　学习 Linux 系统的目录结构有助于我们更好地理解和操作 Linux 系统，因为系统目录结构是操作系统的重要组成部分。理解目录结构可以帮助我们更好地组织和管理文件和目录，例如创建、移动和删除文件和目录等操作。同时，系统目录结构也是 Linux 系统管理和维护的基础，对程序开发至关重要，它可以帮助我们更好地保护系统安全，防止恶意攻击和数据泄露。因此，本单元将重点学习系统的目录构成，并特别关注一些需要重点记忆和操作的关键目录。

4.1.2　知识学习

　　在 Linux 系统中，目录、字符设备、块设备、套接字、打印机等都被视为文件。在 Linux 界有句俗语："Linux 系统中一切都是文件"。既然我们日常操作的都是文件，那么如何找到它们呢？在 Windows 操作系统中，想要找到一个文件，我们需要依次进入该文件所在的磁盘分区(例如 D 盘)，然后再进入该分区下的具体目录，最终找到这个文件。然而，在 Linux 系统中并不存在 C、D、E、F 等盘符。Linux 系统中的一切文件都是从"根(/)"目录开始的，并按照文件系统层次化标准(FHS)采用树形结构进行存放，这定义了常见目录的用途。另外，Linux 系统中的文件和目录名称是严格区分大小写的。例如，root、rOOt、Root 和 rooT 代表不同的目录，并且文件名称中不得包含斜杠"/"。

Linux 系统中的文件存储结构如图 4-1 所示。

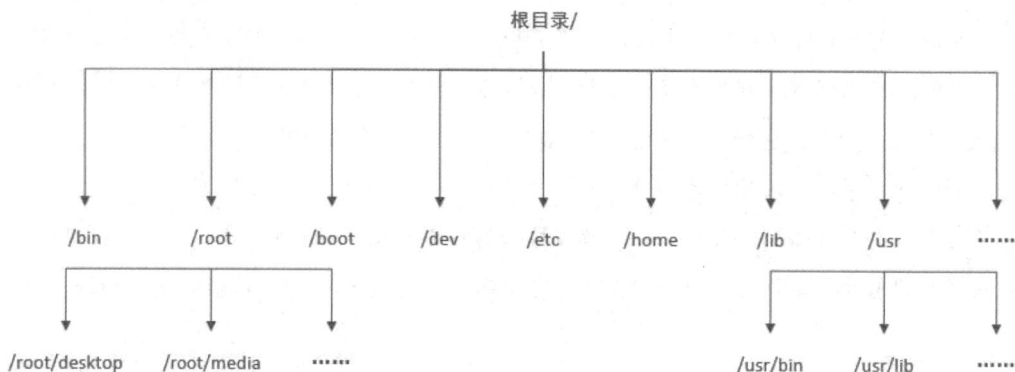

图 4-1

关于目录的详细介绍如下。

➤ /(根目录)：系统所有数据均存放在根目录下。

➤ /bin：存放用户可用的系统管理命令。

➤ /boot：存放 Linux 系统内核及引导系统程序。

➤ /dev：存放硬件设备的目录，如硬盘、光驱及驱动程序等(重点记忆)。

➤ /etc：存放服务的配置文件和用户信息文件(重点记忆)。

➤ /root：超级管理员的家目录(重点记忆)。

➤ /home：普通用户的家目录(重点记忆)。

➤ /lib：存放程序运行所需的共享库及内核模块文件(类似 Windows 系统中的 C++库)。

➤ /opt：用户自定义安装软件的目录。

➤ /srv：程序启动后需要访问的数据目录。

➤ /tmp：普通用户可以在该目录中存放一些不重要的文件。程序运行过程中产生的临时文件也会存放在这个目录中。

➤ /var：存放系统运行过程中经常变化的文件，例如经常更新的日志文件会存放在 /var/log/目录下(重点记忆)。

➤ /mnt 和/media：光盘和镜像等预设的挂载点(重点记忆)。

➤ /proc：Linux 伪文件系统，该目录下的数据存储在内存中，不占用磁盘空间。

➤ /lib64：存放共享模块文件(系统中某些应用程序在运行时会自动调用这些文件)。

➤ /run：程序或服务启动后，用于存放 PID 的目录。

➤ /sys：存放建立在内存中的虚拟文件系统。

➤ /usr：存放操作系统软件资源的目录。

   ✧ /usr/bin：与/bin 目录相似，存放用户可用的命令程序。

◇ /usr/lib：与/lib 目录相同，存放程序运行所需的共享库及内核模块。

◇ /usr/etc：用于存放安装软件时使用的配置文件。

◇ /usr/games：存放与游戏相关的数据。

◇ /usr/include：存放 C/C++等程序语言的头文件(header)和包含文件(include)。

◇ /usr/lib64：与/lib64 目录相同，存放共享库。

◇ /usr/libexec：存放不经常用的执行程序或脚本。

◇ /usr/local：与/opt 目录类似，存放额外安装的软件目录(重点记忆)。

◇ /usr/sbin：与/sbin 目录相同，存放用户可执行的二进制程序文件。

◇ /usr/share：存放只读类型的杂项数据文件。

◇ /usr/src：一般建议将软件源代码存放在此目录下。

注意： 我们已经学习了删除命令的使用方法，在实际工作中应务必谨慎操作，切勿删除上述目录。不当删除可能会导致系统功能受损，从而影响正常使用。

4.1.3 任务实现

为了便于记忆以上目录，我们将系统目录进行了总结归纳，如表 4-1 所示。

表 4-1

目录	用途
/(根目录)	系统所有数据都存放在根目录下
/bin	存放用户可用的系统管理命令
/boot	存放 Linux 系统内核及引导系统程序
/dev	存放硬件设备的目录，如硬盘、光驱及驱动程序等
/etc	存放服务的配置文件和用户信息文件
/root	超级管理员的家目录
/home	普通用户的家目录
/lib	存放程序运行所需的共享库及内核模块文件
/opt	存放用户自定义安装的软件
/srv	程序启动之后需要访问的数据目录
/tmp	存放普通用户不重要的文件以及程序运行中产生的临时文件

(续表)

目录	用途
/var	存放系统运行过程中经常变化的文件，例如经常更新的日志文件会存放在 /var/log/目录下
/mnt、/media	光盘和镜像等预设的挂载点
/proc	Linux 伪文件系统，该目录下的数据存放在内存中，不占用磁盘空间
/lib64	存放共享模块文件(系统中某些应用程序在运行时会自动调用这些模块)
/run	程序或服务启动后，用于存放 PID 的目录
/sys	存放建立在内存中的虚拟文件系统
/usr	存放操作系统软件资源的目录

任务 4.2 学习系统状态监测命令

4.2.1 任务描述

作为一名合格的运维人员，快速、准确地了解 Linux 服务器的状态是必不可少的技能。因此，接下来将重点讲解用于查看系统内核、网卡网络状态、系统负载、内存使用情况、当前启用终端数量、历史执行命令、系统日期命令，以及救援诊断等相关命令的使用方法。这些命令非常实用，请用心学习并掌握。

4.2.2 知识学习

1. 查看内核信息

uname 命令用于查看系统内核与系统版本等信息。

格式：uname [-a]

在使用 uname 命令时，通常会搭配"-a"参数，以便完整查看当前系统的内核名称、主机名、内核发行版本、节点名、系统时间、硬件名称、硬件平台、处理器类型，以及操作系统名称等信息。

示例如下：

```
uname -a
Linux linux.tw 3.10.0-123.el7.x86_64 #1 SMP Mon May 5 11:16:57 EDT 2014 x86_64 x86_64 x86_64
GNU/Linux
```

各个字段的含义如下。

- ➢ Linux：操作系统的名称，表示当前正在运行的操作系统是 Linux。
- ➢ linux.tw：主机名，即计算机的名称(hostname)。
- ➢ 3.10.0-123.el7：内核版本号，表示当前运行的 Linux 内核版本。
- ➢ #1 SMP Mon May 5 11:16:57 EDT 2014：内核编译时间和选项、发行版本等详细信息。
- ➢ x86_64：处理器架构，即 CPU 类型，表示 64 位的 x86 架构。
- ➢ x86_64：硬件平台，表明当前运行的是 64 位系统。
- ➢ x86_64：操作系统类型，表示当前运行的操作系统是 64 位的操作系统。
- ➢ GNU/Linux：操作系统的名称，表示当前运行的是 GNU/Linux 操作系统。

其他常用参数说明如下。

- ➢ -s ：显示内核名称。
- ➢ -r ：显示内核版本。

示例如下：

```
uname -sr
Linux 3.10.0-123.el7.x86_64
```

各字段的含义如下。

- ➢ Linux：内核名称。
- ➢ 3：主版本号。
- ➢ 10：次版本号。
- ➢ 0：修改版本号。
- ➢ 123：补丁次数。
- ➢ el7：Red Hat Enterprise Linux(红帽企业版 RHEL 7)。
- ➢ x86_64：CPU 架构。

2. 查看网卡信息和修改网卡 IP 地址

ifconfig 命令用于获取网卡配置与网络状态等信息。

格式：ifconfig [网络设备] [参数]

当使用 ifconfig 命令查看本机当前的网卡配置与网络状态等信息时，主要查看的是网卡名称、inet 参数后面的 IP 地址、ether 参数后面的网卡物理地址(又称为 MAC 地址)，以及 RX、TX 的接收数据包和发送数据包的数量及累计流量。

示例如下：

```
ifconfig
eno16777736: flags=4099<UP,BROADCAST,MULTICAST>    mtu 1500
        ether 00:0c:29:f5:e7:1b   txqueuelen 1000    (Ethernet)
        RX packets 0    bytes 0 (0.0 B)
        RX errors 0    dropped 0    overruns 0    frame 0
        TX packets 0    bytes 0 (0.0 B)
        TX errors 0    dropped 0 overruns 0    carrier 0    collisions 0

lo: flags=73<UP,LOOPBACK,RUNNING>    mtu 65536
        inet 127.0.0.1    netmask 255.0.0.0
        inet6 ::1    prefixlen 128    scopeid 0x10<host>
        loop    txqueuelen 0    (Local Loopback)
        RX packets 3586    bytes 288652 (281.8 KiB)
        RX errors 0    dropped 0    overruns 0    frame 0
        TX packets 3586    bytes 288652 (281.8 KiB)
        TX errors 0    dropped 0 overruns 0    carrier 0    collisions 0
```

网卡配置文件位于：/etc/sysconfig/network-scripts/网卡名。要修改该文件，可以使用 Vim 编辑器将其打开。

示例如下：

```
vim /etc/sysconfig/network-scripts/ ifcfg- eno16777736
//弹出编辑界面
HWADDR=00:0C:29:F5:E7:1B
TYPE=Ethernet
BOOTPROTO=dhcp
DEFROUTE=yes
PEERDNS=yes
PEERROUTES=yes
IPV4_FAILURE_FATAL=no
IPV6INIT=yes
IPV6_AUTOCONF=yes
IPV6_DEFROUTE=yes
IPV6_PEERDNS=yes
IPV6_PEERROUTES=yes
IPV6_FAILURE_FATAL=no
NAME=eno16777736
UUID=51348e64-6739-4e17-aa99-004725f7b9e9
ONBOOT=no
ifconfig                       # 用于显示和设置网卡的参数
systemctl restart network      # 重启网络
ifup  网卡名                    # 启用该网卡设备
ifdown  网卡名                  # 禁用该网卡设备
```

3. 查看系统内存信息

free 命令用于显示当前系统内存的使用情况。

格式：free [-h]

为了保证 Linux 系统不会因资源耗尽而突然崩溃，运维人员需要时刻关注内存的使用状况。

以下列举了 free 命令的常见用法和参数。

- free：显示系统当前的内存使用情况，包括物理内存和交换空间的使用状态。
- free -h：以人类可读的方式显示内存使用情况，自动将字节转换为更大的单位(如 KB、MB、GB)。
- free -s [delay]：显示内存使用情况，并每隔指定的 delay 秒自动更新一次，直到用户手动停止该命令(按 Ctrl+C 键) (此处的 delay 可输入数字，单位为秒)。
- free -t：在最后一行显示物理内存和交换空间的总计使用情况。

除此之外，free 命令还支持其他参数，如修改显示信息的单位以及使用指定文件进行计算等。

表 4-2 所示为在实验机上输入 free -h 命令后显示的内容示例。

表 4-2

	内存总量	已用量	可用量	进程共享的内存量	磁盘缓存的内存量	缓存的内存量
	total	used	free	shared	buffers	cached
Mem	1.8G	1.7G	131M	10M	1.4M	525M
-/+buffers/cache		1.1G	658M			
Swap	2.0G	0B	2.0G			

需要注意的是，输出信息中的中文注释和单位是作者为便于理解自行添加的，实际输出时并不会包含这些参数解释。实际输出格式如图 4-2 所示。

```
[ root@linux ~]# free -h
              total        used        free      shared     buffers      cached
Mem:           1.8G        1.7G        131M         10M        1.4M        525M
- /+ buffers/cache:        1.1G        658M
Swap:          2.0G          0B        2.0G
```

图 4-2

4. 查看系统负载信息

uptime 命令用于查看系统的负载信息。

格式：uptime

uptime 命令非常实用，它可以显示当前系统时间、系统已运行时间、启用终端数量，以及平均负载值等信息。平均负载值指的是系统在最近 1、5、15 分钟内的压力情况；负载值越低越好，尽量不要长期超过 1，在生产环境中应尽量保持在 5 以下。

以下列举了 uptime 命令的常见用法和参数。

➢ uptime：显示当前系统时间、已运行的时间、当前登录用户数以及系统平均负载信息。系统平均负载以 1、5、15 分钟三个时间段的平均值来表示，数字越大表示系统负载越高。

➢ uptime -p：以可读的方式显示系统已运行的时间，格式为"up X days, HH:MM"。

➢ uptime -s：显示系统上次启动的时间。

➢ uptime -V：显示 uptime 命令的版本号。

运行 uptime 命令可以快速了解系统的运行状态，包括系统的稳定性和负载情况。通过观察系统负载情况，可以判断是否需要升级硬件或优化系统设置，从而提高系统的运行效率。

示例如下：

```
uptime
16:18:08 up 1 day,   2:46,   2 users,   load average: 0.00, 0.01, 0.05
```

5. 查看及修改主机名

在 Linux 中，查看主机名的命令是 hostname。用户可以直接在终端中输入该命令，系统将返回当前系统的主机名。此外，用户也可以使用命令 cat /etc/hostname 来查看当前系统的主机名。

修改主机名的操作有以下两种方式。

➢ 临时修改主机名：用户可以使用 hostname 命令进行临时修改，只需在命令后添加新的主机名，系统将立即采用新的主机名。例如，输入 hostname newhostname。需要注意的是，采用这种方式修改的主机名在系统重启后会失效。

➢ 永久修改主机名：用户可以使用 hostnamectl 命令修改 hostname 文件，或者使用文本编辑器 Vim(Vim 编辑器详见单元七)修改文件内容为新的主机名。修改完成后，需要重新启动系统，使新的主机名生效。

示例如下：

```
//查看主机名
[root@linux ~]# hostname
linux.tw
//查看主机名配置文件
[root@linux ~]# cat /etc/hostname
linux.tw
//临时修改主机名(立刻生效，服务器重启以后失效)
[root@linux ~]# hostname test
```

```
[root@inux ~]# hostname
test
# reboot  命令重启系统
[root@linux~]# hostname
linux.tw
//命令行永久修改主机名(立刻生效，不需要重启系统)
[root@linux ~]# hostnamectl    set-hostname test
[root@linux ~]# hostname
test
```

6. 查看当前登录主机的用户

在 Linux 系统中，命令 who 用于显示当前登录到系统的用户信息。该命令可以列出所有已登录用户的用户名、终端号、登录时间和登录来源信息。

通常，who 命令不需要任何参数，直接执行即可。例如：

```
who
```

执行该命令后，系统将返回以下格式的输出信息。

```
test   xxx   tty1          2023-05-23 12:35
yyy    pts/0         2023-05-23 13:02 (:0)
```

其中，第一列显示当前登录的用户名，第二列为登录所使用的终端号(tty 表示本地终端，pts 表示远程终端)，第三列为登录时间，最后一列为登录来源信息(如果是通过 SSH 登录，则会显示连接的 IP 地址)。

除了上述基本用法外，who 命令还支持以下常用参数。

➢ -a 或--all：列出所有信息，包括空闲终端的信息。

➢ -q 或--count：仅显示登录用户的数量，不显示用户信息。

➢ -u 或--users：与-q 选项相同，但会同时显示用户信息。

➢ -H 或--heading：在输出前添加标题行。

➢ -s 或--short：只显示用户名称和登录时间，不显示终端号和来源信息。

```
who
tw        :0          2023-05-24 16:38 (:0)
tw        pts/0       2023-05-24 16:39 (:0)
```

总的来说，who 命令非常适合用于查看当前登录到系统的用户信息，帮助管理员进行用户会话管理，并了解系统的使用情况。

7. 查看所有系统的登录信息

在 Linux 中，用户可以使用 last 命令查看系统的登录信息。该命令显示所有用户的登录历史记录，包括用户名、登录时间、登录方式(本地终端或远程 SSH 等)、IP 地址，以及登录时长等信息。

通常，last 命令不需要任何参数，直接执行即可。例如：

```
last
```

执行该命令后，系统将返回以下格式的输出信息。

```
root        pts/0       xxx.xxx.xxx.xxx       xxxx-xx-xx xx:xx      still logged in
username pts/1          yyy.yyy.yyy.yyy     xxxx-xx-xx xx:xx - xxxx-xx-xx xx:xx    (xx:xx)
username tty1            xxxx-xx-xx xx:xx - xxxx-xx-xx xx:xx    (xx:xx)
reboot      system boot   4.15.0-147-gene   xxxx-xx-xx xx:xx      still running
shutdown system down   4.15.0-46-generi   xxxx-xx-xx xx:xx - xxxx-xx-xx xx:xx
```

在以上输出中，第一列为登录的用户名或执行的重启/关闭命令，第二列为登录所使用的终端号(pts 表示远程终端，tty 表示本地终端)，第三列为登录的 IP 地址或系统启动信息，第四列为登录的时间和日期，第五列为登录的持续时间。

图 4-3 所示为实验机上输出的内容截图。

除了上述基本用法，last 命令还支持以下常用参数。

➢ -a 或--all：显示所有登录信息，包括系统启动和关闭记录。

➢ -i 或--ip：显示登录用户的 IP 地址。

➢ -u 或--user：仅显示指定用户的登录信息。

➢ -t 或--until time：从指定的时间开始显示登录信息。

```
[root@linux 桌面]# last
tw        pts/0        :0                  Thu May   4 16:39   still logged in
tw        :0           :0                  Thu May   4 16:38   still logged in
(unknown :0            :0                  Thu May   4 16:37 - 16:38   (00:00)
reboot    system boot  3.10.0-123.el7.x  Fri May   5 00:37 - 17:08   (-7:-29)
tw        pts/0        :0                  Thu May   4 16:36 - 16:37   (00:00)
tw        :0           :0                  Thu May   4 16:34 - 16:37   (00:02)
(unknown :0            :0                  Thu May   4 16:33 - 16:34   (00:00)
reboot    system boot  3.10.0-123.el7.x  Fri May   5 00:33 - 16:37   (-7:-56)
tw        pts/0        :0                  Thu May   4 16:32 - 16:33   (00:01)
tw        pts/0        :0                  Tue Apr 18 09:15 - 16:32 (16+07:16)
tw        pts/0        :0                  Wed Apr 12 15:26 - 09:15 (5+17:48)
tw        pts/0        :0                  Sun Apr  9 08:28 - 15:26 (3+06:57)
tw        :0           :0                  Tue Apr  4 18:33 - 16:33 (29+22:00)
(unknown :0            :0                  Tue Apr  4 18:32 - 18:33   (00:00)
reboot    system boot  3.10.0-123.el7.x  Wed Apr  5 02:31 - 16:33 (29+14:02)

wtmp begins Wed Apr_ 5 02:31:42 2023
```

图 4-3

总的来说，last 命令非常适合于了解系统的登录情况和登录记录，以便进行安全审计或管理用户会话。需要注意的是，这些信息以日志文件的形式保存在系统中，黑客可能会轻易获取并篡改其内容。因此，不应仅凭 last 命令的输出信息来判断系统是否遭受恶意入侵。

8. 查看历史执行命令

history 命令用于显示用户在终端中曾经执行过的命令记录。

格式：history [-c]

history 命令是许多 Linux 爱好者最喜欢用的命令之一。执行 history 命令可以显示当前用户在本地计算机中执行过的最近 1000 条命令记录。如果用户觉得显示 1000 条命令记录不够，还可以通过修改/etc/profile 文件中的 HISTSIZE 变量值来自定义历史记录的显示数量。在使用 history 命令时，如果加上-c 参数将会清空所有命令的历史记录。此外，用户还可以使用"!编码数字"的方式来重复执行某个特定的命令。总之，history 命令有很多有趣的用法，等待用户去探索。

在默认情况下，history 命令显示最近执行的 500 条命令，并将这些记录存储在历史记录文件.bash_history 中。该文件位于当前用户的主目录下，用户可以使用文本编辑器将其打开以查看内容。

常用参数说明如下。

➢ -c：清空历史命令记录。

➢ -w：将当前的历史命令记录写入到.bash_history 文件中。

➢ -a：将当前的命令追加到历史记录中，而不是覆盖之前的记录。

➢ -d：删除指定的命令(需要提供要删除的命令序号)。

➢ -n：在读取历史记录时禁止执行命令，仅显示命令。例如，使用 history -n 命令可以在不执行历史命令的情况下显示历史记录(这在调试脚本或查找特定命令的使用情况时非常有用)。

此外，以下高级操作可以帮助用户更有效地管理和使用历史命令。

➢ !n：执行第 n 条历史命令。

➢ !!：执行上一条历史命令。

➢ !string：执行最近使用过的以指定字符串开头的命令。

➢ ^old^new：将前一个命令中的字符串 old 替换为 new，并执行替换后的命令。

示例如下：

```
history
    106    cd -
    107    ls
    108    file t1
    109    file output.txt
    110    uname -a
    111    uname -sr
    112    uname -rs
```

```
113   ifconfig
114   vim /etc/sysconfig/network-scripts/ifcfg-ens32
115   vim /etc/sysconfig/network-scripts/ifcfg-ens32
116   cd   /etc/sysconfig/network-scripts
117   ls
```

9. 查看系统日期命令

date 命令用于显示或设置系统日期与时间。

➢ 　格式(查看系统日期时间)：date [+格式符]。

➢ 　格式(设置日期时间)：date [-选项]。

常用选项-s 用于设置日期时间。

格式符说明如下。

➢ 　+%Y：年份。

➢ 　+%B：月份。

➢ 　+%d：日。

➢ 　+%H：时。

➢ 　+%M：分。

➢ 　+%S：秒。

➢ 　+%F：格式为年-月-日。

➢ 　+%X：格式为时：分：秒。

示例如下：

```
//显示系统日期和时间
date
2023 年 05 月 25 日 星期四 15:07:42 CST      //CST 表示时区(亚洲上海)
//可以自定义分隔符
date +%F-%X
date +%F:%X
//修改系统年月日
date -s 2024-05-25
//修改系统时分秒
date -s 17:20:25
修改年月日时分
// date -s '2021-03-28 17:17:00 '
2021 年 03 月 28 日 星期日 17:17:00 CST
//解释：
''单引号：引用整体，屏蔽特殊符号
""双引号：引用整体，不会屏蔽特殊符号
cal  显示日历
```

```
[root@linux ~]# cal
       五月 2023
日  一  二  三  四  五  六
    1   2   3   4   5   6
7   8   9  10  11  12  13
14  15  16  17  18  19  20
21  22  23  24  25  26  27
28  29  30  31
```

任务 4.3　学习挂载硬件设备命令

4.3.1　任务描述

使用 Linux 挂载命令(mount 和 umount)完成任务。背景：你是一名 Linux 系统管理员，公司的一台服务器上有多个硬件设备，如硬盘、光驱等。你需要使用 Linux 的挂载命令将这些设备挂载到服务器上，以便用户可以访问它们。

4.3.2　知识学习

1. mount 命令

mount 命令用于挂载文件系统。

格式：mount 文件系统 挂载目录

参数说明如下。

➤ -a：挂载/etc/fstab 中定义的所有文件系统。

➤ -t：指定文件系统的类型。

挂载是在使用硬件设备之前执行的最后一步操作。通过使用 mount 命令，用户可以将硬盘设备或分区与一个目录文件关联，从而在该目录中访问硬件设备中的数据。对于比较新的 Linux 系统，通常不需要使用-t 参数来指定文件系统的类型，Linux 系统会自动进行判断。而-a 参数则非常强大，它会在执行后自动检查/etc/fstab 文件中是否存在未被挂载的设备文件，如果存在，便会自动执行挂载操作。

例如，若要将/dev/sdb1 设备的 NTFS 文件系统挂载到/mnt/ntfs 目录中，可以使用以下命令。

```
sudo mount -t ntfs /dev/sdb1 /mnt/ntfs
//这个命令先使用 sudo 以超级管理员权限运行，然后使用 mount 命令将/dev/sdb1 设备上的 NTFS 文
件系统挂载到/mnt/ntfs 目录中
```

执行 mount 命令后，用户可以立即使用文件系统，但系统在重启后挂载将失效。这意味

着每次开机后都需要手动挂载，这是我们不想要的结果。如果希望硬件设备和目录之间实现永久的自动关联，就必须把挂载信息按照指定格式："设备文件 挂载目录 格式类型 权限选项 自检 优先级"(各字段的意义见表 4-3)写入到/etc/fstab 文件中。这个文件中包含了进行挂载所需的诸多信息，一旦配置完成，就可以长期有效。

表 4-3

字段	含义
设备文件	一般为设备的路径+设备名称，也可以使用唯一识别码(UUID, Universally Unique Identifier)
挂载目录	指定要挂载到的目录，需在挂载前创建
格式类型	指定文件系统的格式，如 Ext3、Ext4、XFS、SWAP、iso9660(光盘设备)等
权限选项	若设置为 defaults，则默认权限为：rw、suid、dev、exec、auto、nouser、async
自检	若为 1 则开机后进行磁盘自检；若为 0 则不自检
优先级	若"自检"字段为 1，则可设置多块硬盘的自检优先级

例如，如果想将文件系统为 Ext4 的硬件设备/dev/sdb1 在开机后自动挂载到/mnt/ntfs 目录，并保持默认权限且无须开机自检，就需要在/etc/fstab 文件中写入图 4-4 所示的信息。这样，在系统重启后也能成功挂载。

```
vim etc/fstab

#
# /etc/fstab
# Created by anaconda on Tue Apr  4 18:25:10 2023
#
# Accessible filesystems, by reference, are maintained under '/dev/disk'
# See man pages fstab(5), findfs(8), mount(8) and/or blkid(8) for more info
#
/dev/mapper/rhel_linux-root /                    xfs      defaults     1 1
UUID=0667872d-1b16-451d-81f9-01b45eede99a /boot           xfs      defaults     1 2
/dev/mapper/rhel_linux-swap swap             swap     defaults     0 0
/dev/sdb1                        /mnt/ntfs ext4     defaults     0 0
~
```

图 4-4

2. umount 命令

umount 命令用于撤销已经挂载的设备文件。

格式：umount [挂载点/设备文件]

我们挂载文件系统是为了使用硬件资源，而卸载文件系统就意味着不再使用这些硬件的设备资源。挂载操作是将硬件设备与目录进行关联的过程，因此在卸载时，只需指定要取消关联的设备文件或挂载目录中的任意一项，通常不需要额外的参数。以下示例为手动卸载/dev/sdb1 设备文件：

```
umount /dev/sdb1
```

4.3.3　任务实现

在掌握了上述知识后，我们可以着手完成本节开头提出的任务，步骤如下。

（1）确认服务器连接的硬件设备，使用 lsblk 命令查看。

```
[root@linux ~]# lsblk
```

（2）选择一个空闲的目录作为挂载点，如 /mnt/mydisk。

（3）使用 mount 命令将硬件设备挂载到指定的挂载点上。假设硬件设备的设备文件为 /dev/sdb1，执行以下命令：

```
[root@linux ~]# mount /dev/sdb1    /mnt/mydisk
```

（4）检查硬件设备是否成功挂载，使用 df -h 命令查看。

```
[root@linux ~]# df -h
```

（5）在挂载点下创建一个目录作为共享文件夹。例如：

```
[root@linux ~]# mkdir /mnt/mydisk/shared
```

（6）将一个文件复制到共享文件夹中。例如：

```
[root@linux ~]# cp /etc/passwd /mnt/mydisk/shared/
```

（7）创建一个脚本文件，并在其中添加一些命令。例如：

```
[root@linux ~]# touch /mnt/mydisk/shared/myscript.sh
```

（8）为共享文件夹和脚本文件添加可执行权限。例如：

```
[root@linux ~]# chmod +x /mnt/mydisk/shared/myscript.sh
```

（9）在其他终端中尝试访问共享文件夹和脚本文件。例如：

```
[root@linux ~]# sh /mnt/mydisk/shared/myscript.sh
```

（10）当不再需要访问硬件设备时，使用 umount 命令将其卸载。例如：

```
[root@linux ~]# umount /mnt/mydisk。
```

（11）检查硬件设备是否成功卸载，使用 df -h 命令查看。

```
[root@linux ~]# df -h
```

任务 4.4　添加硬盘命令

4.4.1　任务描述

本节将使用 Linux 的挂载硬件设备命令(如 fdisk 和 du)完成任务。背景：你是一名 Linux 系统管理员，公司的一台服务器上有一个新的硬盘需要分区并挂载到系统中。你需要使用 Linux 的 fdisk 命令对硬盘进行分区。同时，使用 du 命令查看各个目录的磁盘使用情况。

4.4.2　知识学习

根据前文讲解的与管理硬件设备相关的理论知识，我们先来理清一下添加硬盘设备的操作思路：首先，在虚拟机中模拟添加一块新的硬盘存储设备，然后执行分区、格式化、挂载等操作。最后通过检查系统的挂载状态并实际使用硬盘，验证硬盘设备是否成功添加。为了进行这个实验，我们无须实际购买硬盘，而是通过虚拟机软件进行硬件模拟(这充分体现了虚拟机软件的优势)。具体操作步骤如下。

(1) 首先将虚拟机系统关机。稍等几分钟，系统将自动返回虚拟机管理主界面。接着，单击"编辑虚拟机设置"选项，在打开的对话框中单击"添加"按钮，新增一个硬件设备，如图 4-5 所示。

图 4-5

(2) 选择要添加的硬件类型为"硬盘"，然后单击"下一步"按钮，如图 4-6 所示。

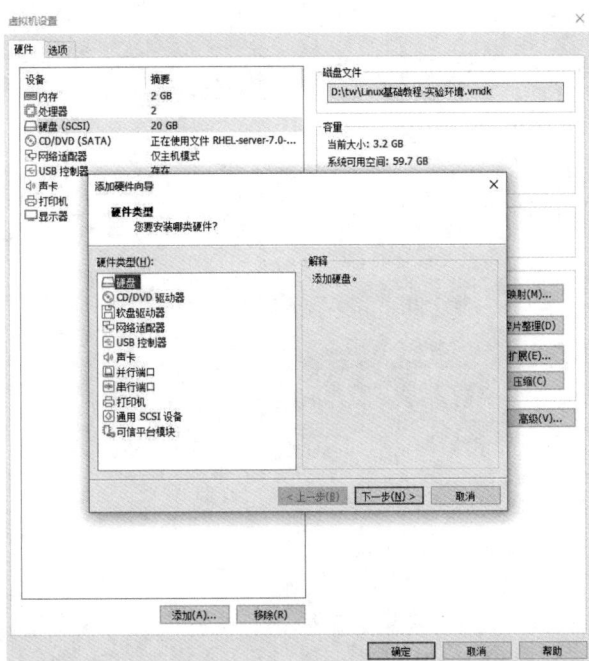

图 4-6

(3) 选择虚拟硬盘的类型为"SCSI(推荐)"，然后单击"下一步"按钮，如图 4-7 所示。
稍等片刻后，虚拟机中的设备名称将会显示为/dev/sdb。

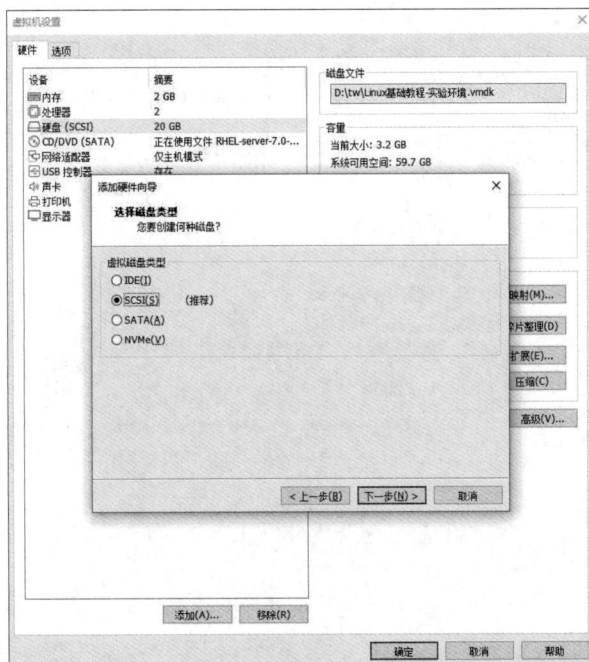

图 4-7

(4) 选中"创建新虚拟磁盘"单选按钮，然后单击"下一步"按钮，如图 4-8 所示。

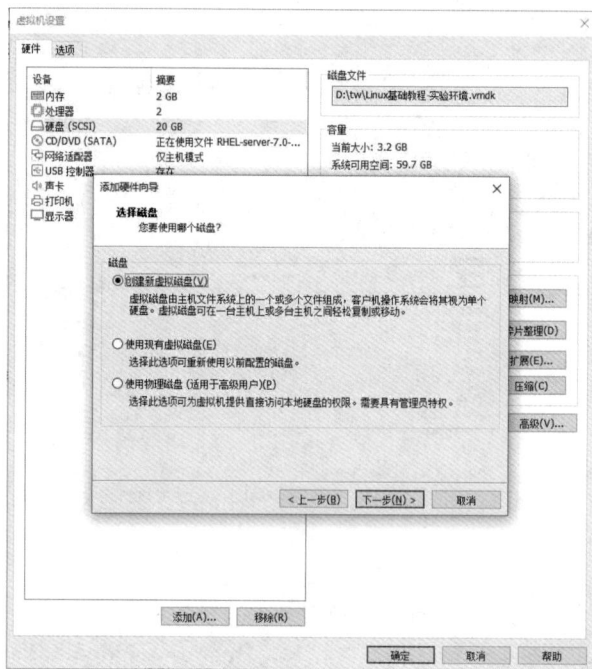

图 4-8

(5) 将"最大磁盘大小"设置为 20.0GB(默认设置)，然后单击"下一步"按钮，如图 4-9 所示。

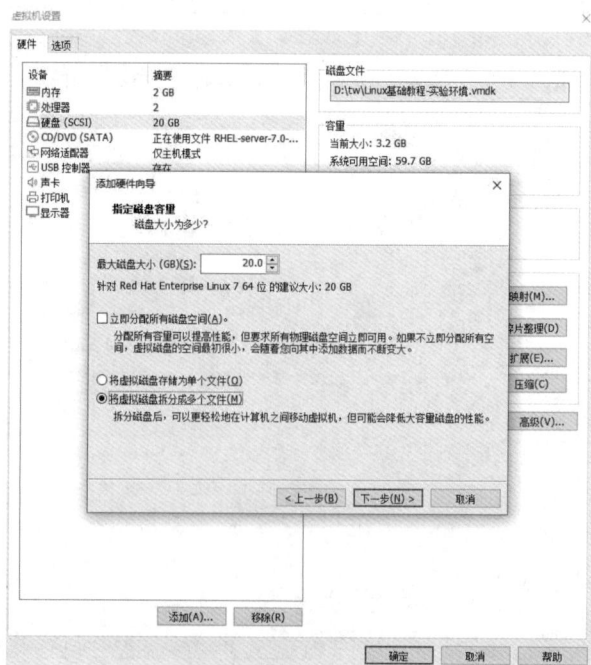

图 4-9

(6) 设置磁盘文件的文件名和保存位置(可以采用默认设置)，然后单击"完成"按钮，如图 4-10 所示。

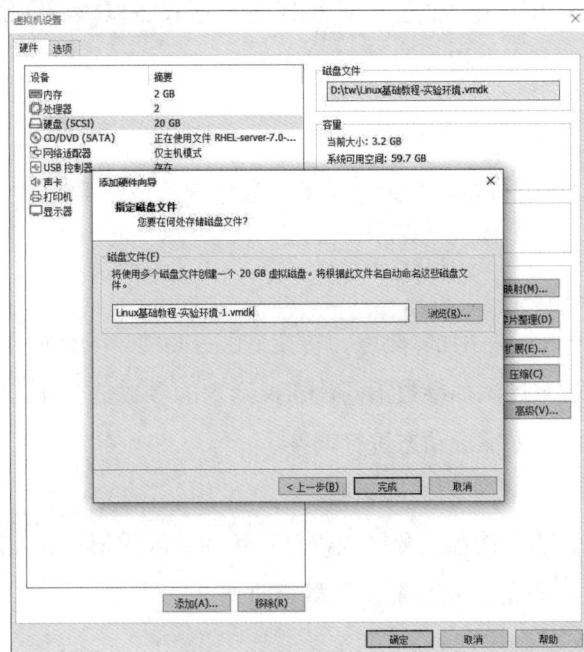

图 4-10

(7) 新硬盘添加完成后可以查看设备信息。这里无须进行任何修改，单击"确认"按钮即可开启虚拟机，如图 4-11 所示。

图 4-11

在虚拟机中模拟添加硬盘设备后，用户能够看到抽象化的硬盘设备文件。第二个被识别的 SCSI 设备将被保存为/dev/sdb，这就是硬盘设备文件。在开始使用该硬盘之前，用户还需要进行分区操作，例如从中创建一个 2GB 的分区设备以供后续使用。

接下来，我们将学习两个相关的命令。

1. fdisk 命令

在 Linux 系统中，管理硬盘设备最常用的方法之一就是使用 fdisk 命令。该命令用于管理磁盘分区。

格式：fdisk[磁盘名称]

fdisk 命令提供了一个集添加、删除、转换分区等功能于一体的"一站式分区服务"。与前面讲解的直接在命令后添加参数不同，fdisk 命令的参数是交互式的，因此在管理硬盘设备时特别方便，可以根据需求动态进行调整。

以下是 fdisk 命令的一些常用选项说明。

➢ -l：列出系统上所有磁盘的分区表信息，包括分区类型、起始扇区和终止扇区。

➢ -u：以扇区而非柱面为单位显示磁盘空间大小。

➢ -v：显示 fdisk 的版本信息。

➢ -h 或--help：显示命令帮助信息。

➢ -n：新建分区。

➢ -d：删除分区。

➢ -t：修改分区的类型。

➢ -p：显示分区表的内容。

➢ -w：将分区表写入磁盘。

➢ -q：退出而不保存分区表。

➢ -m：显示菜单和帮助信息。

以下示例首先使用 fdisk 命令来尝试管理/dev/sdb 硬盘设备。在看到提示信息后，输入参数 p 来查看硬盘设备内已有的分区信息，其中包括硬盘的容量、扇区个数等信息：

```
fdisk /dev/sdb
欢迎使用 fdisk (util-linux 2.23.2)。
更改将停留在内存中，直到您决定将更改写入磁盘。
使用写入命令前请三思。
Device does not contain a recognized partition table
使用磁盘标识符 0xc5b1a187 创建新的 DOS 磁盘标签
命令(输入 m 获取帮助)：p
磁盘 /dev/sdb：21.5 GB, 21474836480 字节，41943040 个扇区
Units = 扇区 of 1 * 512 = 512 bytes
```

```
扇区大小(逻辑/物理)：512 字节 / 512 字节
I/O 大小(最小/最佳)：512 字节 / 512 字节
磁盘标签类型：dos
磁盘标识符：0xc5b1a187
    设备 Boot      Start      End      Blocks   Id  System
```

接下来，输入参数 n 尝试添加新的分区。系统会要求用户选择是输入参数 p 创建主分区，还是输入参数 e 来创建扩展分区。以下示例通过输入参数 p 来创建一个主分区：

```
命令(输入 m 获取帮助)：n
Partition type:
    p    primary (0 primary, 0 extended, 4 free)
e    extended
Select (default p):p
```

在确认创建一个主分区后，系统会要求用户输入主分区的编号。根据前文所述，主分区的编号范围是 1～4，这里输入默认值 1。接下来，系统会提示用户定义起始的扇区位置，保持默认设置，按回车键即可(系统会自动计算出最靠前的空闲扇区位置)。最后，系统会要求用户定义分区的结束扇区位置，这实际上是确定整个分区的大小。用户无须计算扇区的数量，只需要输入"+2G"即可创建一个容量为 2GB 的硬盘分区。

示例如下：

```
分区号 (1-4，默认 1)：1
起始 扇区 (2048-41943039，默认为 2048)：按回车键
将使用默认值 2048
Last 扇区，+扇区 or +size{K,M,G} (2048-41943039，默认为 41943039)：+2G
分区 1 已设置为 Linux 类型，大小设为 2GiB
```

接下来，使用参数 p 来查看硬盘设备中的分区信息。此时，用户可以看到一个名称为 /dev/sdb1 的主分区，起始扇区位于 2048，结束扇区位于 4196351。不要直接关闭窗口，输入参数 w 后按回车键，将分区信息真正写入磁盘。

```
命令(输入 m 获取帮助)：p
磁盘 /dev/sdb：21.5 GB, 21474836480 字节，41943040 个扇区
Units = 扇区 of 1 * 512 = 512 bytes
扇区大小(逻辑/物理)：512 字节 / 512 字节
I/O 大小(最小/最佳)：512 字节 / 512 字节
磁盘标签类型：dos
磁盘标识符：0x42a3afab
    设备 Boot      Start      End      Blocks   Id  System
/dev/sdb1         2048      4196351    2097152   83  Linux
命令(输入 m 获取帮助)：w
The partition table has been altered!
Calling ioctl() to re-read partition table.
正在同步磁盘。
```

上述步骤执行完毕之后，Linux 系统会自动将硬盘主分区抽象成/dev/sdb1 设备文件。用户可以使用 file 命令查看该文件的属性。

示例如下：

```
file /dev/sdb1
/dev/sdb1: block special
```

如果硬件存储设备尚未进行格式化，Linux 系统将无法确定如何在其上写入数据。因此，在对存储设备进行分区后，需要进行格式化操作。在 Linux 系统中，格式化操作使用的命令是 mkfs。这个命令非常有趣，在 Shell 终端中输入 mkfs 后，按两次 Tab 键执行命令补全时，会显示出以下信息：

```
[root@linux 桌面]# mkfs
mkfs            mkfs.cramfs    mkfs.ext3    mkfs.fat      mkfs.msdos    mkfs.xfs
mkfs.btrfs      mkfs.ext2      mkfs.ext4    mkfs.minix    mkfs.vfat
```

可以看到，mkfs 命令很贴心地将常用的文件系统名称用后缀的方式保存成了多个命令文件，使其使用起来非常简单。例如，要将分区格式化为 XFS 文件系统，用户可以使用以下命令：

```
mkfs.xfs /dev/sdb1
meta-data=/dev/sdb1             isize=256      agcount=4, agsize=131072 blks
         =                      sectsz=512     attr=2, projid32bit=1
         =                      crc=0
data     =                      bsize=4096     blocks=524288, imaxpct=25
         =                      sunit=0        swidth=0 blks
naming   =version 2             bsize=4096     ascii-ci=0 ftype=0
log      =internal log          bsize=4096     blocks=2560, version=2
         =                      sectsz=512     sunit=0 blks, lazy-count=1
realtime =none                  extsz=4096     blocks=0, rtextents=0
```

在完成了存储设备的分区和格式化之后，将进入挂载并启用存储设备的阶段。这一过程包含几个简明步骤：首先，创建一个用于挂载设备的挂载点目录；然后，使用 mount 命令将存储设备与挂载点进行关联；最后，使用 df -h 命令来查看挂载状态和硬盘使用情况。

示例如下：

```
[root@linux ~]# mkdir /newfs
[root@linux ~]# mount /dev/sdb1 /newfs/
[root@linux ~]# df -h
文件系统                        容量      已用      可用     已用%      挂载点
/dev/mapper/rhel_linux-root     18G       2.9G      15G      17%        /
devtmpfs                        905M      0         905M     0%         /dev
tmpfs                           914M      148K      914M     1%         /dev/shm
```

tmpfs	914M	8.9M	905M	1%	/run
tmpfs	914M	0	914M	0%	/sys/fs/cgroup
/dev/sda1	497M	119M	379M	24%	/boot
/dev/sr0	3.5G	3.5G	0	100%	/run/media/tw/RHEL-7.0 Server.x86_64
/dev/sdb1	2.0G	33M	2.0G	2%	/newfs

2. du 命令

存储设备成功挂载后，用户可以尝试通过挂载点目录向存储设备中写入文件。在写入文件之前，先介绍一个用于查看文件数据占用量命令——du。

格式：du[选项] [文件]

简单来说，du 命令可以用来查看一个或多个文件所占用的硬盘空间。我们可以使用du -sh /*命令来查看在 Linux 系统根目录下所有一级目录分别占用的空间大小。在下面的示例中，我们将从某些目录中复制一批文件，并查看这些文件总共占用了多少容量：

```
[root@linux ~]# cp -rf /etc/* /newfs
[root@linux ~]# ls /newfs
abrt                hosts               pulse
adjtime             hosts.allow         purple
aliases             hosts.deny          qemu-ga
……(省略部分输入信息)
[root@linux ~]# du -sh /newfs
33M     /newfs
```

在前面的章节中，我们提到使用 mount 命令挂载的设备文件在系统重启后会失效。如果希望设备的挂载在重启后依然有效，就需要将挂载信息写入配置文件中。

示例如下：

```
[root@linux  桌面]# vim /etc/fstab

#
# /etc/fstab
# Created by anaconda on Tue Apr    4 18:25:10 2023
#
# Accessible filesystems, by reference, are maintained under '/dev/disk'
# See man pages fstab(5), findfs(8), mount(8) and/or blkid(8) for more info
#
/dev/mapper/rhel_linux-root /                        xfs       defaults    1 1
UUID=0667872d-1b16-451d-81f9-01b45eede99a /boot       xfs       defaults    1 2
/dev/mapper/rhel_linux-swap swap                     swap      defaults    0 0
/dev/sdb1                           /newfs    xfs    defaults    0 0
```

4.4.3 任务实现

在前面的学习中，我们已经掌握了相关的知识点。接下来，我们将按照以下步骤完成本节开头的任务。

(1) 确认新硬盘已经连接到服务器，并使用 fdisk 命令对硬盘进行分区。执行 sudo fdisk /dev/sdb 命令，然后按照系统提示输入命令进行分区操作。例如，输入 n 创建新分区，输入 p 选择主分区，并指定分区大小。

```
[root@linux 桌面]# sudo fdisk /dev/sdb
```

(2) 保存分区表并退出 fdisk。输入 w 保存并退出。

(3) 使用 lsblk 命令查看新硬盘的分区情况，以确认分区是否成功创建。

```
[root@linux 桌面]# lsblk
```

(4) 使用 mkfs.ext4 /dev/sdb1 命令将新分区格式化为 ext4 文件系统：

```
[root@linux 桌面]# mkfs.ext4   /dev/sdb1
```

(5) 选择一个空闲的目录作为挂载点(如/mnt/newdisk)。使用 mount/dev/sdb1/mnt/newdisk 命令将新分区挂载到指定挂载点上。

```
[root@linux 桌面]# mount   /dev/sdb1 /mnt/newdisk
```

(6) 使用 du 命令查看各个目录的磁盘使用情况。例如：

```
[root@linux 桌面]# du -sh /mnt/*
```

(7) 根据 du 命令的输出结果，确定新硬盘已成功挂载，并可以正常使用。

(8) 当不再需要访问这个新硬盘时，使用以下命令将其卸载。

```
[root@linux 桌面]# umount /mnt/newdisk
```

(9) 再次使用 lsblk 命令查看新硬盘的分区情况，以确认分区是否成功卸载。

任务 4.5 添加交换分区命令

4.5.1 任务描述

使用 Linux 中的交换分区命令(fdisk 和 mkswap)来完成任务。背景：在上述任务成功完成后，我们可以继续进行添加交换分区的步骤。假设我们已划出了一个分区(如/dev/sdb1)，现在想要将其设置为交换分区。

4.5.2 知识学习

SWAP(交换)分区是一种通过在硬盘中预先划分特定空间，将暂时不常用的数据临时转移到硬盘的技术。其目的是在物理内存不足时，为更活跃的程序腾出空间，从而解决内存不足的问题。然而，由于交换分区依赖硬盘读写，速度较物理内存慢，因此仅在物理内存耗尽时才会启用。

交换分区的创建过程与前面讲到的挂载并使用存储设备的过程非常相似。在对/dev/sdb存储设备进行分区操作之前，有必要提到交换分区的划分建议：在生产环境中，交换分区的大小一般为真实物理内存的 1.5~2 倍。为了帮助用户更明显地感受交换分区空间的变化，下面我们将创建一个大小为 5GB 的主分区作为交换分区。

```
[root@linux ~]# fdisk /dev/sdb
欢迎使用  fdisk (util-linux 2.23.2)。
更改将停留在内存中，直到您决定将更改写入磁盘。
使用写入命令前请三思。
命令(输入 m 获取帮助)：n
Partition type:
   p   primary (1 primary, 0 extended, 3 free)
   e   extended
Select (default p)：p
分区号 (2-4，默认 2)：
起始 扇区 (4196352-41943039，默认 4196352)：按下回车键
将使用默认值 4194303
Last 扇区，+扇区 or +size{K,M,G} (10485760-41943039，默认 41943039)：+5G
分区 2 已设置为 Linux 类型，大小设为 5 GiB
命令(输入 m 获取帮助)：P
磁盘 /dev/sdb：21.5 GB, 21474836480 字节，41943040 个扇区
Units = 扇区 of 1 * 512 = 512 bytes
扇区大小(逻辑/物理)：512 字节 / 512 字节
I/O 大小(最小/最佳)：512 字节 / 512 字节
磁盘标签类型：dos
磁盘标识符：0x42a3afab
   设备 Boot      Start         End        Blocks       Id     System
/dev/sdb1          2048      4196351     2097152        83     Linux
/dev/sdb2       4194303     14682111     5242880        83     Linux
命令(输入 m 获取帮助)：w
The partition table has been altered!
Calling ioctl() to re-read partition table.
WARNING: Re-reading the partition table failed with error 16: 设备或资源忙。
```

```
The kernel still uses the old table. The new table will be used at
the next reboot or after you run partprobe(8) or kpartx(8)
正在同步磁盘。
```

使用 SWAP 分区专用的格式化命令 mkswap，对新建的主分区进行格式化操作，例如：

```
[root@linux 桌面]# mkswap /dev/sdb2
正在设置交换空间版本 1，大小 =5242876KiB
无标签，UUID=48a37bbf-c1dc-4d15-b710-06628fd56318
```

使用 swapon 命令把准备好的 SWAP 分区设备正式挂载到系统中。我们可以使用 free -m 命令查看交换分区的大小变化(由 2047MB 增加到 17 407MB)。

示例如下：

```
[root@linux 桌面]# free -m
                total        used        free      shared     buffers     cached
Mem:            1826        1138         688           9           0         326
-/+ buffers/cache:           810        1016
Swap:           2047           0        2047
[root@linux 桌面]# swapon /dev/sdb2
[root@linux 桌面]# free -m
                total        used        free      shared     buffers     cached
Mem:            1826        1197         629           9           0         327
-/+ buffers/cache:           869         957
Swap:          17407           0       17407
```

为了能够让新的交换分区设备在重启后依然生效，需要按照以下格式将相关信息写入配置文件中：

```
[root@linux 桌面]# vim /etc/fstab
#
# /etc/fstab
# Created by anaconda on Tue Apr  4 18:25:10 2023
#
# Accessible filesystems, by reference, are maintained under '/dev/disk'
# See man pages fstab(5), findfs(8), mount(8) and/or blkid(8) for more info
#
/dev/mapper/rhel_linux-root /                    xfs      defaults     1  1
UUID=0667872d-1b16-451d-81f9-01b45eede99a /boot  xfs      defaults     1  2
/dev/mapper/rhel_linux-swap swap                 swap     defaults     0  0
/dev/sdb1                           /newfs        xfs      defaults     0  0
/dev/sdb2                           swap          swap     defaults     0  0
```

4.5.3　任务实现

在前面的学习中，我们已经掌握了相关知识。接下来，我们将按照以下步骤完成本节开头的任务。

(1) 首先，确认当前是否有分区被挂载为交换分区。使用以下命令查看当前的交换分区列表：

```
[root@linux 桌面]# cat /proc/swaps
```

(2) 如果该分区尚未用作交换分区，我们需要先卸载该分区。可以使用以下命令卸载分区：

```
[root@linux 桌面]# umount /dev/sdb1
```

确认该分区被卸载后，使用 lsblk 命令查看该分区是否不再显示。

```
[root@linux 桌面]# lsblk
```

(3) 使用 mkswap 命令将分区/dev/sdb1 设置为交换分区。

```
[root@linux 桌面]# mkswap /dev/sdb1
```

(4) 使用 swapon　/dev/sdb1 命令激活新的交换分区。

```
[root@linux 桌面]# swapon　/dev/sdb1
```

(5) 使用 cat /proc/swaps 命令再次查看交换分区列表，以确认新的交换分区已成功添加：

```
[root@linux 桌面]# cat /proc/swaps
```

(6) 最后，在 /etc/fstab 文件中添加一行，以便在系统启动时自动挂载交换分区。可以通过编辑文件并添加以下内容来完成(注意替换路径和设备名称)：

```
[root@linux 桌面]# vim /etc/fstab
……
/dev/sdb1 none swap sw 0 0        //添加在最后一行
```

任务 4.6　软硬方式链接

4.6.1　任务描述

在学习完本单元所有的硬盘管理知识后，我们将探讨 Linux 系统中的"快捷方式"。在 Windows 系统中，快捷方式是指向原始文件的链接文件，允许用户从不同的位置访问该文件；原文件一旦被删除或移动，快捷方式将失效。然而，这一看似简单的概念，在 Linux 系统中有所不同。

4.6.2　知识学习

在 Linux 系统中，存在两种类型的链接文件：硬链接和软连接。

➢ 硬链接(hard link)：可以将其理解为一个"指向原始文件 inode 的指针"。系统不会为硬链接分配独立的 inode 和文件。因此硬链接文件与原始文件其实是同一个文件，只是名称不同。每添加一个硬链接，该文件的 inode 连接数就会增加 1。只有该文件的 inode 连接数为 0 时，文件才会被彻底删除。换言之，由于硬链接实际上是指向原文件的 inode，即便原始文件被删除，仍然可以通过硬链接访问它。需要注意的是，由于技术的局限性，我们不能跨分区对目录文件进行链接。

➢ 软链接(也称为符号链接[symbolic link])：仅包含所链接文件的路径名，因此能够链接目录文件，并且可以跨越文件系统进行链接。然而，当原始文件被删除后，链接文件将失效。这一点与 Windows 系统中的"快捷方式"相似。

ln 命令用于创建链接文件。

格式：ln [选项]目标

在使用 ln 命令时，是否添加-s 参数会创建出性质不同的两种"快捷方式"。因此，如果没有扎实的理论知识和实践经验作为基础，虽然能够成功完成实验，但很难理解成功的原因。

常用参数说明如下。

➢ -s (symbolic)：用于创建软链接。创建的链接文件与源文件是两个不同的文件，但可以通过链接文件访问源文件。

➢ -f (force)：强制创建链接。如果目标文件已经存在，则覆盖它。

➢ -n (no-dereference)：将符号链接视为普通文件处理。如果源文件是符号链接，则创建的链接文件指向该符号链接本身，而不是指向符号链接所表示的文件。

➢ -i (interactive)：以交互方式询问是否覆盖已存在的目标文件。

➢ -v (verbose)：显示链接过程中的详细信息。

为了更好地理解软链接和硬链接的不同性质，接下来我们将创建一个类似于 Windows 系统中快捷方式的软链接。这样，当原始文件被删除后，就无法通过新建的链接文件进行访问。

示例如下：

```
[root@linux  桌面]# echo "Welcome to XIAN" >linux.txt
[root@linux  桌面]# ln -s linux.txt linuxtw.txt
[root@linux  桌面]# cat linux.txt
Welcome to XIAN
[root@linux  桌面]# ls -l linux.txt
-rw-r--r--. 1 root root 16 5 月   17 15:11 linux.txt
[root@linux  桌面]# cat linuxtw.txt
Welcome to XIAN
[root@linux  桌面]# rm -f linux.txt
[root@linux  桌面]# cat linuxtw.txt
cat: linuxtw.txt: No such file or directory
```

接下来，我们将针对一个原始文件创建一个硬链接。这相当于为原始文件的硬盘存储位置创建了一个指针，新创建的这个硬链接不再依赖于原始文件的名称等信息，也不会因为原始文件的删除而导致无法读取。同时，可以观察到创建硬链接后，原始文件的硬盘链接数量增加到了 2。

```
[root@linux  桌面]# echo "Welcome to XIAN" >linux.txt
[root@linux  桌面]# ln linux.txt linuxtw.txt
[root@linux  桌面]# cat linux.txt
Welcome to XIAN
[root@linux  桌面]# cat linuxtw.txt
Welcome to XIAN
[root@linux  桌面]# ls -l linux.txt
-rw-r--r--. 2 root root 16 5 月   17 15:28 linux.txt
[root@linux  桌面]# rm -f linux.txt
[root@linux  桌面]# cat linuxtw.txt
Welcome to XIAN
```

素养园地

关注计算机领域发展，助力国家科技进步与社会发展

计算机硬件技术作为现代科技的基石，对于国家的发展具有至关重要的作用。作为大学生，我们不仅需要了解和关注计算机领域的发展动态，还需要深入了解我国在这个领域的成就和贡献。我们应该时刻关注前沿科技，认识到科技是如何服务于人类生活的方方面面，如何改变我们的生活方式和社会结构。随着信息技术的飞速发展，我国在计算机领域取得了一系列令人瞩目的成就，如超级计算机、移动支付、5G 通信等。这些成就不仅为我国的经济和社会发展提供了强有力的支撑，也为全球科技进步做出了巨大贡献。

在计算机硬件的使用过程中，我们需要培养环境保护意识和可持续发展的观念。国家

倡导社会主义核心价值观，其中包括"富强、民主、文明、和谐"的国家层面的价值目标，以及"自由、平等、公正、法治"的社会层面的价值取向。我们应当以这些价值观为指导，尊重科技的发展规律，尊重人的主体地位，坚持人与自然和谐共生，推动形成绿色发展方式和生活方式。我们需要关注节能环保和资源的有效利用，以实现经济和环境的双重效益。我们应该倡导绿色科技，推动计算机硬件技术的绿色化，为我国的可持续发展做出贡献。

此外，我们作为学生，也应该认识到自己在国家和社会中的责任。我们应该以社会主义核心价值观为指导，积极投身于国家的建设和发展。我们需要具备创新精神和实践能力，以适应不断变化的社会环境，为我国的科技进步和社会发展做出自己的贡献。

因此，作为学生，我们需要不断学习和进步，了解最新的科技动态，关注我国在计算机领域的发展和成就。同时，我们也需要树立正确的价值观，注重环境保护和可持续发展，以实现个人价值和社会价值的双重目标。只有这样，我们才能真正成为国家的未来和希望，为我国的科技进步和社会发展做出自己的贡献。

单元小结

➤ 常用的系统状态监测命令
➤ 挂载硬件设备的命令
➤ 添加硬盘的命令
➤ 添加交换分区的命令

单元自测

一、选择题

1. 运行命令 uname -a 可以(　　)。
   A. 查看系统版本信息　　　　　　B. 查看内核版本信息
   C. 查看 IP 地址信息　　　　　　D. 查看系统负载信息
2. 运行命令 free -m 可以(　　)。
   A. 查询系统内存信息　　　　　　B. 查询系统负载信息
   C. 查询主机名　　　　　　　　　D. 查询系统日期

3．运行命令 mount 可以(　　)。

　　A．挂载硬件　　　　　　　　　　　B．添加硬盘

　　C．查看系统版本信息　　　　　　　D．查看内核版本信息

4．以下(　　)命令用于创建软链接。

　　A. ln -f　　　　　　B. ln -s　　　　　　C. ln -v　　　　　　D. ln -i

5．在 Linux 系统中，交换分区的大小一般建议设置为真实物理内存的(　　)倍。

　　A. 0.5~1　　　　　　B. 1~1.5　　　　　　C. 1.5~2　　　　　　D. 2~2.5

■二、问答题

1. hostname 命令的作用是什么？

2. fdisk 命令的作用是什么？

■三、上机题

在创建的 Linux 系统中完成以下任务。

(1) 查询当前主机的 IP 地址。

(2) 查询当前系统的内存使用情况。

(3) 查询当前系统的负载情况。

用户管理与文件权限

课程目标

项目目标

❖ 学习用户和用户组的管理命令

❖ 掌握更改文件和目录权限的相关命令

技能目标

❖ 掌握用户和用户组的管理

❖ 理解并掌握文件和目录的权限

❖ 掌握文件访问控制列表(ACL)权限的相关知识

素质目标

❖ 养成遵纪守法的良好习惯

❖ 增强现代安全意识和法律意识

简介

　　Linux 是一个多用户、多任务的操作系统，具有卓越的稳定性与安全性。在其背后，保障系统安全的是一系列复杂的配置工作。本单元将详细讲解文件的所有者、所属组，以及其他用户对文件进行的读(r)、写(w)、执行(x)等操作权限，同时介绍如何在 Linux 系统中添加、删除、修改用户账户信息。我们还将探讨 SUID、SGID 与 SBIT 特殊权限，以便更加灵活地设置系统权限，弥补一般操作权限设置中的不足。隐藏权限能够给系统增加一层隐形的防护层，让黑客最多只能查看关键日志信息，而无法进行修改或删除。此外，文件的访问控制列表(access control list，ACL)可以进一步让单一用户或用户组对单一文件或目录进行特殊的权限设置，让文件具有能满足工作需求的最小权限。本单元最后将讲解如何使用 su 命令和 sudo 服务，使普通用户能够获得管理员权限，以满足日常工作需求，同时确保系统的安全性。

　　本单元涉及账户权限和文件权限。我们要在工作和学习中正确管理自己的账户和文件，注重信息安全和隐私保护，遵循计算机使用和管理的规定，培养法律意识和遵纪守法的习惯。

任务 5.1　用户和用户组管理

5.1.1　任务描述

　　创建一个新的用户，并将其添加到一个用户组中，同时处理已离职员工的账号信息。背景：你是一名 Linux 系统管理员，现需将新员工的信息加入 Linux 系统。同时，需要从系统中删除或失效一名已离职的员工的账号信息。你需要使用 Linux 的用户和用户组相关的命令创建一个新的用户，将其添加到一个用户组中，然后删除或失效已离职员工的账号信息。

5.1.2　知识学习

1. 用户和用户组的概念及作用

在 Linux 系统中，用户和用户组是管理系统访问控制的重要概念。

用户是指使用系统的人或程序，每个用户都有一个唯一的用户名(也称为登录名)。用户可以通过用户名和密码进行身份验证，以获得对系统资源的访问权限。在Linux系统中，每个用户都有一个用户ID(UID)，用于标识该用户。默认情况下，用户在系统中创建时会分配一个UID，用户身份可以通过UID或用户名进行识别。

用户组是将多个用户组织在一起的一种机制。用户组可以使管理员更方便地管理用户权限和资源访问。用户组有一个组名，所有属于该组的用户都具有相同的权限。在 Linux 系统中，每个用户组都有一个唯一的组 ID(GID)，用于标识该组。用户组可以作为文件或目录的所有者，从而确定谁有权限对其进行读、写和执行操作。

在 Linux 系统中，每个文件或目录都有一个所有者(用户)和一个属组(用户组)，这些信息决定了对该文件或目录的访问权限。管理员可以通过设置权限标志来控制谁可以读、写、执行文件或目录。此外，管理员可以通过将用户添加到不同的用户组中，进一步控制他们对资源的访问权限。

总而言之，用户和用户组是 Linux 系统中用于管理访问控制的重要概念。管理员可以通过创建、编辑和管理用户和用户组来控制谁可以访问系统资源，并设置相应的权限标志，以实现更精细的访问控制。

2. 用户的添加、修改和删除

1) useradd 命令

useradd 命令用于创建新的用户。

格式：useradd [选项] 用户名

使用 useradd 命令可以创建用户账户。默认情况下，创建的用户家目录会被存放在/home 目录中，默认的 Shell 解释器为/bin/bash，并且会自动创建一个与该用户同名的基本用户组。这些默认设置可以通过 useradd 命令的参数进行修改。

常用参数说明如下。

- ➤ -d：指定用户的家目录(默认为/home/username)。
- ➤ -e：设置账户的到期时间，格式为 YYYY-MM-DD。
- ➤ -u：指定该用户的默认 UID。
- ➤ -g：指定一个初始的用户基本组(必须已存在)。
- ➤ -G：指定一个或多个扩展用户组。
- ➤ -N：不创建与用户同名的基本用户组。
- ➤ -s：指定该用户的默认 Shell 解释器。

以下示例将创建一个普通用户并指定家目录的路径、用户的 UID，以及 Shell 解释器(在命令中应注意/sbin/nologin 是终端解释器中的一员，与 Bash 解释器有着显著的区别。一旦用户的解释器设置为 nologin，则代表该用户不能登录系统)：

```
[root@linux 桌面]# useradd -d /home/linux -u 888 -s /sbin/nologin linuxdemo1
[root@linux 桌面]# id linuxdemo1
uid=888(linuxdemo1) gid=1001(linuxdemo1) 组=1001(linuxdemo1)
```

2）usermod 命令

usermod 命令用于修改用户的属性。

格式：usermod [选项] 用户名

如前所述，Linux 系统中的一切都是文件，因此在系统中创建用户实际上是修改配置文件的过程。用户的信息保存在/etc/passwd 文件中，可以直接使用文本编辑器修改文件中的用户参数，也可以用 usermod 命令来修改已经创建的用户信息，如用户的 UID、基本/扩展用户组、默认终端等。

常用参数说明如下。

➤ -c：填写用户账户的备注信息。

➤ -d -m：同时使用-m 和-d 参数，可重新指定用户的家目录并自动将旧的数据转移过去。

➤ -e：设置账户的到期时间，格式为 YYYY-MM-DD。

➤ -g：变更所属用户组。

➤ -G：变更扩展用户组。

➤ -L：锁定用户，禁止其登录系统。

➤ -U：解锁用户，允许其登录系统。

➤ -s：变更默认终端。

➤ -u：修改用户的 UID。

用户不必被众多参数所困扰。我们可以先查看账户 linuxdemo1 的默认信息：

```
[root@linux 桌面]# id linuxdemo1
uid=888(linuxdemo1) gid=1001(linuxdemo1) 组=1001(linuxdemo1)
```

接下来，将用户 linuxdemo1 加入 root 用户组中，这样扩展组列表中将显示 root 用户组，而基本组不会受到影响：

```
[root@linux 桌面]# usermod -G root linuxdemo1
[root@linux 桌面]# id linuxdemo1
uid=888(linuxdemo1) gid=1001(linuxdemo1) 组=1001(linuxdemo1),0(root)
```

我们可以尝试使用-u 参数修改 linuxdemo1 用户的 UID。除此之外，还可以用-g 参数修改用户的基本组 ID，以及使用-G 参数来修改用户的扩展组 ID。

以下示例为修改 linuxdemo1 用户的 UID：

```
[root@linux 桌面]# usermod -u 8888   linuxdemo1
[root@linux 桌面]# id linuxdemo1
uid=8888(linuxdemo1) gid=1001(linuxdemo1) 组=1001(linuxdemo1)
```

3) userdel 命令

userdel 命令用于删除用户。

格式：userdel [选项] 用户名

如果我们确认某个用户后续将不再登录系统，可以通过 userdel 命令删除该用户的所有信息。在执行删除操作时，该用户的家目录默认会保留下来。若希望同时删除用户及家目录，则可以使用-r 参数。

常用参数说明如下。

➢ -f：强制删除用户。

➢ -r：同时删除用户及其家目录。

示例如下：

```
[root@linux  桌面]# id linuxdemo1
uid=888(linuxdemo1) gid=1001(linuxdemo1)  组=1001(linuxdemo1),0(root)
[root@linux  桌面]# userdel -r linuxdemo1
[root@linux  桌面]# id linuxdemo1
id: linuxdemo1: no such user
```

3. 用户密码的管理和设置

passwd 命令用于修改用户密码、过期时间和认证信息。

格式：passwd [选项] [用户名]

普通用户只能使用 passwd 命令修改自身的系统密码，而 root 管理员则有权限修改所有人的密码。更方便的是，root 管理员在 Linux 系统中修改自己或他人的密码时无须验证旧密码，这一点特别实用。由于 root 管理员可以修改其他用户的密码，因此也完全拥有该用户的管理权限。

常用参数说明如下。

➢ -l：锁定用户，禁止其登录。

➢ -u：解除锁定，允许用户登录。

➢ --stdin：允许通过标准输入修改用户密码，如 echo "NewPassWord" | passwd --stdin Username。

➢ -d：使用户可用空密码登录系统。

➢ -e：强制用户在下次登录时修改密码。

➢ -S：显示用户的密码状态，包括密码是否被锁定以及密码所采用的加密算法名称。

以下示例将演示如何修改用户密码，以及如何修改其他用户的密码(修改其他用户的密码时，需要 root 管理员权限)：

```
[root@linux 桌面]# passwd
更改用户 root 的密码 。
新的 密码:
无效的密码:  密码少于 8 个字符   //此处可以输入简单密码(可以不理会提示信息)
重新输入新的 密码:
passwd:所有的身份验证令牌已经成功更新。
[root@linux 桌面]# passwd tw
更改用户 tw 的密码。
新的 密码:                    # 直接输入新密码
无效的密码:  密码少于 8 个字符
重新输入新的 密码:              # 直接输入新密码
passwd:所有的身份验证令牌已经成功更新。
```

4．用户组的添加、修改和删除

1) groupadd 命令

groupadd 命令用于创建用户组。

格式:groupadd [选项] 群组名

为了更高效地管理系统中各个用户的权限,通常会将几个用户加入同一个组,这样可以针对一类用户统一安排权限。创建用户组的步骤非常简单。示例如下(创建名为 demo1 的用户组):

```
[root@linux 桌面]# groupadd demo1
```

2) groupmod 命令

groupmod 命令用于修改用户组的属性。

格式:groupmod [选项] 用户组名

groupmod 命令可以对用户组执行重命名、改变用户组 ID 等操作。

常用参数说明如下。

➤ -g, --gid GID:指定将用户组的 ID 修改为 GID。

➤ -n, --new-name NEW_GROUP:将用户组的名称修改为 NEW_GROUP。

➤ -o, --non-unique:允许创建一个与已有用户组 GID 相同的新用户组。

➤ -r, --system:创建一个系统用户组,该用户组的 GID 将小于 1000。

➤ -h, --help:显示帮助信息,并退出命令执行。

如果要将 demo1 修改为 new_demo 用户组,则可以使用以下命令:

```
[root@linux 桌面]# groupmod  -n  new_demo   demo1
```

3）groupdel 命令

groupdel 命令用于删除已有的用户组。

格式：groupdel 用户组名

如果要将 new_demo 用户组删除，则可以使用以下命令：

```
[root@linux 桌面]# groupdel    new_demo
```

5.1.3 任务实现

通过学习以上知识，我们将实现本节开篇提出的任务，具体步骤如下。

（1）确认当前系统中有哪些用户。用户可以使用以下命令查看当前系统中的用户：

```
[root@linux 桌面]# cat /etc/passwd
```

（2）使用 useradd 命令创建一个新用户。在创建用户时，系统会提示设置用户的密码和其他信息。

```
[root@linux 桌面]# useradd newuser
```

（3）使用 id 命令查看创建用户的信息。系统会显示新用户的用户名、UID、GID 等信息。

```
[root@linux 桌面]# id    newuser
```

（4）使用 usermod 命令修改用户的信息(例如，将用户的家目录修改为 /home/newuser)。

```
[root@linux 桌面]# usermod -d /home/newuser newuser
```

（5）为了确认用户已经成功添加到系统中，可以使用 cat 命令再次查看用户列表。

```
[root@linux 桌面]# cat /etc/passwd
```

（6）使用 groupadd 命令创建一个新的用户组。

```
[root@linux 桌面]# groupadd newgroup
```

（7）使用 usermod 命令将用户添加到新的用户组中(将 newuser 用户添加到 newgroup 用户组中)。

```
[root@linux 桌面]# usermod -a -G newgroup newuser
```

（8）使用 su 命令切换到新用户(输入新用户的密码即可)。

```
[root@linux 桌面]# su newuser
```

(9) 使用 exit 命令退出新用户的登录状态。

[newuser @linux 桌面]# exit

(10) 使用 userdel 命令删除或失效离职员工的账号信息。如果离职员工使用的账号名称为 demo1，则可以使用以下命令删除该账号(命令将删除账号及其主目录和邮件等所有相关文件和信息)。

[root@linux 桌面]# userdel -r demo1

如果用户只想让该账号失效而保留其主目录等文件，则可以使用 usermod -L 命令将账号锁定，使其无法登录。

[root@linux 桌面]# usermod -L demo1

任务 5.2　文件和目录权限

5.2.1　任务描述

使用 Linux 的文件权限命令和特殊命令保护重要文件的安全。背景：你是一名 Linux 系统管理员，公司有一些重要的文件需要保护，防止未授权访问。为此，你需要使用 Linux 的文件权限命令和特殊命令来保护这些文件的安全。

5.2.2　知识学习

在 Linux 系统中，所有内容均被视为文件，但不同类型的文件具有不同的特性。为了区分这些文件，Linux 系统使用了不同的字符表示文件类型。

常见的字符如下。

➢ -：普通文件。
➢ d：目录文件。
➢ l：链接文件。
➢ b：块设备文件。
➢ c：字符设备文件。
➢ p：管道文件。

在 Linux 系统中，每个文件都有所属的所有者和所有组，并且规定了文件的所有者、所有组以及其他用户对文件所拥有的可读(r)、可写(w)和可执行(x)权限。对于一般文件来说，权限比较容易理解:"可读"表示能够读取文件的实际内容;"可写"表示能够编辑、新增、修改、删除文件的内容;而"可执行"则表示可以运行该文件作为程序或脚本。但是,对于目录文件来说,理解其权限设置就相对复杂。很多资深 Linux 用户也未必能够完全掌握。

本节我们将详细讲解目录文件的权限设置。对目录文件来说,"可读"权限表示能够读取目录内的文件列表;"可写"权限表示能够在目录中新增、删除或重命名文件;"可执行"权限则表示能够进入该目录。文件的读、写、执行权限可以用 rwx 表示,也可以分别用数字 4、2、1 来表示。需要注意的是,文件所有者、文件所属组及其他用户权限之间无关联,如表 5-1 所示。

表 5-1

权限分配	文件所有者			文件所属组			其他用户		
权限项	读	写	执行	读	写	执行	读	写	执行
字符表示	r	w	x	r	w	x	r	w	x
数字表示	4	2	1	4	2	1	4	2	1

文件权限的数字法表示基于字符表示(rwx)的权限计算而来,其目的是简化权限的表示。例如,若某个文件的权限为 7,则代表该文件具有可读、可写、可执行权限(4+2+1);若权限为 6 则代表该文件具有可读和可写权限(4+2)。我们来看一个具体的例子。有这样一个文件,其所有者拥有可读、可写和可执行权限,而所属组仅具备有可读和可写权限,其他用户只有可读权限。那么,这个文件的权限表示为 rwxrw-r--,数字法表示为 764。需要注意的是,切勿将这三个数字简单相加,例如计算 7+6+4=17 的结果。这是小学的数学加减法,不是 Linux 系统的权限数字表示法,其相互之间没有互通关系。

虽然 Linux 系统的文件权限相对复杂,但其功能非常强大。建议用户将其彻底搞清楚之后再学习下一节的内容。下面我们将通过练习来巩固所学的知识。分别计算数字表示法 764、642、153、731 所对应的字符表示法,然后再把 rwxrw-r--、rw--w--wx、rw-r--r--转换成数字表示法。

接下来,我们利用上文讲解的知识,分析图 5-1 所示的文件信息。

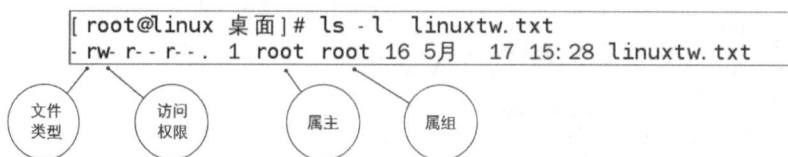

```
[root@linux 桌面]# ls -l linuxtw.txt
-rw-r--r--. 1 root root 16 5月  17 15:28 linuxtw.txt
```

文件
类型　　访问
权限　　属主　　属组

图 5-1

图 5-1 中包含了文件的类型、访问权限、所有者(属主)、所属组(属组)、占用的磁盘大

小、修改时间和文件名称等信息。通过分析可知，该文件的类型为普通文件，所有者权限为可读、可写(rw-)，所属组权限为可读(r--)，除此以外的其他用户也具有可读权限(r--)。该文件占用的磁盘大小为 16 字节，最近一次的修改时间为 5 月 17 日 15:28，文件名称为 linuxtw.txt。

1. 改变文件和目录权限的命令

若要改变文件或目录的权限，可以使用 chmod 命令。

格式：chmod [选项] [权限] 文件或目录

其中，选项可以有很多种，常用的有-R(递归修改权限)、+(添加权限)、-(去除权限)等；权限可以用数字或符号表示。数字表示的权限是将读、写和执行分别用 4、2、1 表示，并将这三者相加。例如，可读和可写但不可执行的权限为 6。符号表示的权限包括 u(所有者)、g(同组用户)、o(其他用户)、a(所有用户)以及+(添加权限)、-(去除权限)、=(设置权限)等。

```
//将 linuxtw.txt 文件的所有者和属组的写权限去掉
[root@linux 桌面]# chmod -w linuxtw.txt
[root@linux 桌面]# ls -l  linuxtw.txt
-r--r--r--. 1 root root 16 5 月   17 15:28 linuxtw.txt
//将桌面目录下的 file.txt 目录及其下所有文件的权限设置为 rwxr-xr-x
[root@linux 桌面]# chmod -R   755 file.txt
```

以上命令将 file.txt 目录及其下所有文件的权限设置为 rwxr-xr-x，即该目录的所有者具备读、写和执行权限，而同组用户和其他用户只有读取和执行的权限

2. 改变文件和目录所有权的命令

若要改变文件或目录的所有权，则可以用 chown 命令。

格式：chown [选项] 所有者:所属组 文件或目录

其中，选项可以有很多种，常用的是-R(递归修改权限)；所有者和所属组可以是用户名或者组名，也可以用数字表示。例如，0 表示 root 用户，1 表示 bin 用户，2 表示 daemon 用户等。

举个例子，假设有两个用户——root(拥有超级用户权限)和 tw(没有超级用户权限)。如果用户 root 想要从其家目录复制一个文件到用户 tw 的家目录，并且希望 tw 能够编辑这个文件，root 可以将该文件的所有者更改为 tw。

示例如下：

```
[root@linux /]# cp myfile.txt   /home/tw
[root@linux /]# ls -l /home/tw/myfile.txt
-rw-r--r--. 1 root root 0 7 月   13 16:00 /home/tw/myfile.txt
[root@linux tw]# chown tw: /home/tw/myfile.txt
```

```
[root@linux tw]# ls -l /home/tw/myfile.txt
-rw-r--r--. 1 tw tw 0 7 月    13 16:00 /home/tw/myfile.txt
```

3. 文件的特殊权限

在复杂多变的生产环境中,仅仅设置文件的 rwx 权限往往无法满足我们对安全和灵活性的需求,因此引入了 SUID、SGID 与 SBIT 的特殊权限位。这是一种对文件权限进行设置的特殊功能,可以与一般权限同时使用,以弥补一般权限不能实现的功能。下面将具体解释这三种特殊权限位的功能以及其用法。

1) SUID

SUID(SetUID)是一种对二进制程序进行设置的特殊权限,可以让二进制程序的执行者临时拥有属主的权限(仅对拥有执行权限的二进制程序有效)。例如,所有用户都可以执行 passwd 命令来修改自己的用户密码,而用户密码保存在/etc/shadow 文件中。仔细查看这个文件就会发现它的默认权限是 000。这意味着除了 root 管理员以外,所有用户都没有查看或编辑该文件的权限。然而,当 passwd 命令被赋予 SUID 特殊权限位时,普通用户可以临时获得程序所有者的身份,从而把变更的密码信息写入到 shadow 文件中。这就像在古装剧中看到的手持尚方宝剑的钦差大臣,他手中的尚方宝剑代表的是皇上的权威,因此可以惩戒贪官,但这并不意味着他永久成为了皇上。因此,SUID 是一种有条件的、临时的特殊权限授权方法。

查看 passwd 命令属性时,可以发现所有者的权限由 rwx 变成了 rws,其中 x 改变成 s 意味着该文件被赋予了 SUID 权限。此外,大家可能会好奇,如果原本的权限是 rw-呢?如果原先权限位上没有 x 执行权限,那么被赋予特殊权限后,权限将变为大写的 S。

示例如下:

```
[root@linux 桌面]# ls -l /etc/shadow
----------. 1 root root 1145 6 月    1 17:03 /etc/shadow
[root@linux 桌面]# ls -l /bin/passwd
-rwsr-xr-x. 1 root root 27832 1 月    30 2014 /bin/passwd
```

2) SGID

SGID(SetGID) 主要实现以下两种功能:

➢ 让执行者临时拥有属组的权限(适用于具有执行权限的二进制程序)。

➢ 在某个目录中创建的文件自动继承该目录的用户组(仅可对目录进行设置)。

SGID 的第一种功能参考了 SUID 的设计,不同之处在于执行程序的用户所获取的权限不是文件所有者的临时权限,而是文件所属组的权限。例如,在早期的 Linux 系统中,/dev/kmsg 是一个字符设备文件,用于与内核日志缓冲区进行交互,并可以用于读取内核日志,权限为:

```
[root@linux 桌面]$ ls -l /dev/kmsg
crw-r--r--. 1 root root 1, 11 5 月    17 00:47 /dev/kmsg
```

3) SBIT

SBIT 特殊权限位可确保用户只能删除自己的文件，而不能删除其他用户的文件。换句话说，当对某个目录设置了 SBIT 粘滞位权限后，该目录中的文件就只能由其所有者执行删除操作。该权限只针对目录有效，当普通用户对一个目录拥有 rwx 权限时，可以在该目录下自由创建、修改和删除文件。因为普通用户在拥有 rwx 权限时，能够删除该目录下的所有文件。

在 RHEL 7 系统中，/tmp 作为一个共享文件目录，默认已设置 SBIT 特殊权限位，因此除非是该目录的所有者，否则无法删除其中的文件。

与前面提到的 SUID 和 SGID 权限显示方法不同，当目录被设置 SBIT 特殊权限位后，文件的其他用户权限部分的 x 执行权限就会被替换成 t 或者 T。原有 x 执行权限，则显示为 t；如果原本没有 x 执行权限，则显示为 T。

示例如下：

```
[root@linux 桌面]# su - tw
上一次登录：一  6 月  12 16:29:37 CST 2023:0 上
[tw@linux ~]$ ls -ald /tmp
drwxrwxrwt. 18 root root 4096 6 月    12 17:21 /tmp
[tw@linux ~]$ cd /tmp
[tw@linux tmp]$ ls -ald
drwxrwxrwt. 18 root root 4096 6 月    12 17:21 .
[tw@linux tmp]$ echo "Welcome to linux"> test
[tw@linux tmp]$ chmod 777 test
[tw@linux tmp]$ ls -al test
-rwxrwxrwx. 1 tw tw 17 6 月    12 17:23 test
```

文件能否可以被删除并不取决于其自身的权限，而是取决于其所在目录是否具有写入权限。为了更于理解，上述命令仍然赋予了 test 文件最大的 777 权限(rwxrwxrwx)。当我们切换到另一个普通用户，并尝试删除这个其他用户创建的文件时，即便读、写、执行权限全部开启，由于 SBIT 特殊权限位的存在，仍然无法删除该文件。

示例如下：

```
[root@linux tmp]# su – linuxdemo1
上一次登录：一  5 月  12 16:29:37 CST 2023:0 上
[linuxdemo1@linux ~]$ cd /tmp
[linuxdemo1@linux tmp]$ rm -f test
rm: cannot remove 'test': Operation not permitted
```

当然，如果想要在其他目录上设置 SBIT 特殊权限位，可以使用 chmod 命令。对应的参数 o+t 用于设置 SBIT 权限。

示例如下：

```
[root@linux tw]# mkdir linux
[root@linux tw]# chmod -R o+t linux/
[root@linux tw]# ls -ld linux/
drwxr-xr-t. 2 root root 6 6 月    14 14:13 linux/ed
```

5.2.3 任务实现

完成对文件和目录权限的学习后，我们可以实现本节开头的任务，具体步骤如下。

(1) 确认当前系统中有哪些用户。可以使用命令 cat /etc/passwd 查看。

```
[root@linux ~]# cat /etc/passwd
```

(2) 选择一个重要的文件(如 /var/secretfile)，并使用 chmod 命令设置文件的权限(将文件的权限设置为只有文件所有者可以读、写和执行，其他用户无法访问)。

```
[root@linux ~]# chmod 600 /var/secretfile
```

(3) 使用以下命令查看文件的详细信息，包括文件的权限和所有者等信息。

```
[root@linux ~]# ls -l /var/secretfile
```

(4) 使用 chown 命令更改文件的所有者。例如，将文件的所有者更改为 root 用户。

```
[root@linux ~]# chown root /var/secretfile
```

(5) 使用 chgrp 命令更改文件所属的组。例如，将文件的所属组更改为 secretgroup 组。

```
[root@linux ~]# chgrp secretgroup /var/secretfile
```

(6) 使用 chmod 命令设置文件的特殊权限。例如，为文件所有者、所属组和其他用户分别配置不同的权限。用户可以通过以下命令设置文件所有者拥有读写权限，所属组和其他用户拥有只读权限。

```
[root@linux ~]# chmod u=rw,g=r,o= /var/secretfile
```

(7) 使用 stat 命令查看文件的详细信息，包括文件权限、所有者和所属组等信息。例如，用户可以使用以下命令查看 stat /var/secretfile 的详细信息。

```
[root@linux ~]# stat /var/secretfile
```

(8) 使用 su 命令切换到 root 用户(输入 root 用户的密码即可)。

```
[root@linux ~]# su root
```

(9) 使用 vim 命令编辑文件的权限和所有者等信息。例如，用户可以使用以下命令使用 vim 编辑/etc/passwd 文件的权限和所有者信息。

```
[root@linux ~]# vim /etc/passwd
```

(10) 使用 exit 命令退出 root 用户的登录状态。

```
[root@linux ~]# exit
```

任务 5.3 文件访问控制列表权限

5.3.1 任务描述

使用 Linux 的文件访问控制列表(ACL)命令来控制特定用户对文件的访问权限。背景：你是一名 Linux 系统管理员，公司有一台文件服务器，存储着一些敏感文件。为了实现更精细的权限管理，你需要使用 Linux 的 ACL 命令控制特定用户对文件的访问权限。

5.3.2 知识学习

1. ACL 权限概述

大家可能注意到，前文讲解的一般权限、特殊权限和隐藏权限其实有一个共性，那就是这些权限是针对某一类用户设置的。如果希望对某个指定的用户进行单独的权限控制，就需要用到文件的访问控制列表(ACL)了。简单来说，基于普通文件或目录设置 ACL 就是为特定用户或用户组设置文件或目录的操作权限。另外，如果针对某个目录设置了 ACL，则该目录中的文件会继承其 ACL；如果针对文件设置了 ACL，则文件不再继承其所在目录的 ACL。

为了更直观地看到 ACL 对文件权限控制的强大效果，我们先切换到普通用户，然后尝试进入 root 管理员的家目录中。在没有为普通用户设置针对 root 管理员家目录的 ACL 之前，执行结果如下所示：

```
[root@linux ~]# su linuxdemo1
[linuxdemo1@linux root]$ cd /root
bash: cd: /root: 权限不够
[linuxdemo1@linux root]$ exit
exit
```

2. 文件和目录 ACL 权限的设置和修改

setfacl 命令用于管理文件的 ACL 规则。

格式：setfacl[参数]文件名称

文件的 ACL 提供了一种在所有者、所属组和其他用户的读、写、执行权限之外的特殊权限控制。使用 setfacl 命令可以针对单一用户或用户组、单一文件或目录进行读、写、执行权限的控制。其中，针对目录文件需要使用-R 参数进行递归设置；针对普通文件，则使用-m 参数；如果想要删除某个文件的 ACL，则可以使用-b 参数。以下示例为设置用户在/root 目录上的权限：

```
[root@linux ~]# setfacl -Rm u:tw:rwx /root
[root@linux ~]# su -tw
上一次登录：三 6 月  14 14:15:33 CST 2023pts/0  上
[tw@linux ~]$ cd /root
[tw@linux root]$ ls
anaconda-ks.cfg    initial-setup-ks.cfg
[tw@linux root]$ cat anaconda-ks.cfg
[tw@linux root]$ exit
登出
```

这种设计展现了 Linux 系统的灵活性。然而，随之而来的问题是：如何查看文件上设置的 ACL 规则呢？常用的 ls 命令是看不到 ACL 表信息的,但如果看到文件权限的最后一个点(.)变成了加号(+)，这就意味着该文件已经设置了 ACL。现在大家是不是感觉学得越多，越不敢说自己精通 Linux 系统了呢？就这么一个不起眼的点(.)，竟然表示着如此重要的权限。

示例如下：

```
[root@linux ~]# ls -ld /root
dr-xrwx---+ 5 root root 4096 6 月   12 16:40 /root
```

3. 查看 ACL 权限信息

getfacl 命令用于显示文件上设置的 ACL 信息。

格式：getfacl 文件名称

Linux 系统中的命令设计既直观又易于记忆。例如，设置 ACL 权限使用 setfacl 命令，而查看 ACL 权限则使用 getfacl 命令。以下示例使用 getfacl 命令显示 root 管理员家目录上设置的所有 ACL 信息：

```
[root@linux ~]# getfacl /root
getfacl: Removing leading '/' from absolute path names
# file: root
# owner: root
```

```
# group: root
user::r-x
user:tw:rwx
group::r-x
mask::rwx
other::---
```

5.3.3 任务实现

完成对文件访问控制列表权限的学习后，我们可以完成本节开头的任务，具体步骤如下。

(1) 确认当前系统中有哪些用户。可以使用以下命令查看用户列表。

`[root@linux ~]# cat /etc/passwd`

(2) 选择一个敏感文件，如 /var/sensitivefile，并使用 getfacl 命令查看文件的访问控制列表(ACL)信息。用户可以使用以下命令查看文件的 ACL 信息。

`[root@linux ~]# getfacl /var/sensitivefile`

(3) 使用 setfacl 命令添加一个 ACL 条目，以允许特定用户访问文件。例如，用户可以使用以下命令添加一个 ACL 条目，允许名为 username 的用户对文件进行读、写和执行操作。

`[root@linux ~]# setfacl -m u:username:rwx /var/sensitivefile`

(4) 使用 getfacl 命令再次查看文件的 ACL 信息，确认 ACL 条目已经添加成功。

`[root@linux ~]# getfacl /var/sensitivefile`

(5) 使用 setfacl 命令删除 ACL 条目。

`[root@linux ~]# setfacl -b /var/sensitivefile`

(6) 使用 getfacl 命令再次查看文件的 ACL 信息，确认 ACL 条目已经被删除。

`[root@linux ~]# getfacl /var/sensitivefile`

(7) 使用 chown 命令更改文件的所有者。例如，将文件的所有者更改为 root 用户。

`[root@linux ~]# chown root /var/sensitivefile`

(8) 使用 chmod 命令设置文件的常规权限。例如，将文件的权限设置为只有文件所有者可以读、写和执行，其他用户无法访问。

```
[root@linux ~]# chmod 600 /var/sensitivefile
```

(9) 使用 ls -l /var/sensitivefile 命令查看文件的详细信息，包括文件的权限、所有者和所属组等信息。

```
[root@linux ~]#   ls -l /var/sensitivefile
```

(10) 使用 rm 命令删除文件。

```
[root@linux ~]# rm /var/sensitivefile
```

任务 5.4　su 命令和 sudo 服务

5.4.1　任务描述

在实验环境中，我们很少遇到安全问题。为了避免因权限设置不当而导致服务配置失败，建议在学习本书时使用 root 管理员账户。然而，在生产环境中，我们需要对安全问题保持高度警惕，切勿使用 root 管理员完成所有操作。因为一旦执行了错误的命令，可能会直接导致系统崩溃。在这种情况下，不仅会受到客户的指责和领导批评，甚至可能会影响到个人的奖金。值得注意的是，尽管 Linux 系统出于安全性考虑，将许多系统命令和服务的使用限制为 root 管理员，但是这也使得普通用户受到更多的权限束缚，从而无法顺利完成特定的工作任务。

在本节中，我们将学习如何切换用户身份，以及如何将特定命令的执行权限赋予指定用户。

5.4.2　知识学习

1. su 命令

su 命令可以解决切换用户身份的需求，使当前用户在不退出登录的情况下切换到其他用户。例如，以下示例从 root 管理员切换至普通用户：

```
[root@linux 桌面]# id
uid=0(root) gid=0(root) 组=0(root) 环境=unconfined_u:unconfined_r:unconfined_t:s0-s0:c0.c1023
[root@linux 桌面]# su - tw
上一次登录：一 5 月 29 17:20:27 CST 2023pts/0 上
[tw@linux ~]$ id
uid=1000(tw) gid=1000(tw)组=1000(tw),0(root)环境=unconfined_u:unconfined_r:unconfined_t:s0-s0:c0.c1023
```

细心的用户会注意到，上面的 su 命令与用户名之间有一个符号-，这表示完全切换到新的用户，即把环境变量信息也变更为新用户的相关信息，而不是保留原始的信息。因此，强烈建议在切换用户身份时添加符号-。

另外，当从 root 管理员切换到普通用户时，不需要进行密码验证；而从普通用户切换回 root 管理员时，则需要输入密码，这是一个必要的安全检查。

```
[tw@linux ~]$ su root
密码：
[root@linux tw]# su - tw
上一次登录：一 6 月 12 15:15:39 CST 2023pts/0 上
[tw@linux ~]$ exit
登出
[root@linux tw]#
```

2. sudo 命令

虽然使用 su 命令后，普通用户可以完全切换到 root 管理员身份来完成相应的工作，但这会泄露 root 管理员的密码，从而增加系统密码被黑客获取的风险，(这并不是最安全的方案)。

接下来，我们将介绍如何使用 sudo 命令将特定命令的执行权限赋予指定用户。这种方式既能确保普通用户完成特定的工作，又能避免泄露 root 管理员密码。我们的目标是合理配置 sudo 服务，以兼顾系统的安全性和用户的便捷性。sudo 服务的配置原则十分简单——在保证普通用户能够完成相应工作的前提下，尽量减少额外权限的授予。

sudo 命令用于为普通用户提供额外的权限，使其能够执行原本只能由 root 管理员才能完成的任务。

格式：sudo [参数] 命令名称

在 sudo 服务中可用的参数说明如下。

➢ -h：列出帮助信息。

➢ -l：列出当前用户可执行的命令。

➢ -u：指定用户名或 UID，以该用户身份执行命令。

➢ -k：清空密码的有效时间，下次执行 sudo 时需要重新验证密码。

➢ -b：在后台执行指定的命令。

➢ -p：更改询问密码的提示信息。

综上所述，sudo 命令具有以下功能：

➢ 限制用户执行特定命令。

➢ 记录用户每次执行的命令。

➢ 配置文件(/etc/sudoers)提供集中的管理用户、权限及主机等参数。

> 验证密码的后五分钟内(默认值)，无须再次要求用户进行密码验证。

当然，如果用户担心直接修改配置文件会出现问题，可以使用 sudo 命令提供的 visudo 命令来配置用户权限。该命令在配置用户权限时将禁止多个用户同时修改 sudoers 配置文件，并可以对配置文件内的参数进行语法检查，发现错误时会及时报错。

需要注意的是，只有 root 管理员才有权使用 visudo 命令编辑 sudo 服务的配置文件。

5.4.3 任务实现

接下来，我们将实现如何切换用户身份以及如何将特定命令的执行权限赋予指定用户。具体步骤如下。

(1) 使用 visudo 命令配置 sudo 命令的配置文件。具体操作方法与 Vim 编辑器中用到的方法相同，在编写完成后，应在末行模式下保存并退出。在 sudo 命令的配置文件中，按照以下格式填写第 99 行(大约位置)以指定所需的信息：

谁可以使用 允许使用的主机=(以谁的身份) 可执行命令的列表

示例如下：

```
[root@linux tw]# visudo
##
## Allow root to run any commands anywhere
root      ALL=(ALL)        ALL
tw ALL=(ALL)        ALL
```

在填写完毕后，应先保存更改再退出。接着，切换至指定的普通用户身份。此时，用户可以使用 sudo -l 命令查看该用户可以执行的所有命令。示例如下(下面的命令中，验证的是该普通用户的密码，而非 root 管理员的密码)：

```
[root@linux tw]# su - tw
上一次登录：一 6 月 12 15:15:51 CST 2023pts/0 上
[tw@linux ~]$ sudo -l
We trust you have received the usual lecture from the local System
Administrator. It usually boils down to these three things:
    #1) Respect the privacy of others.
    #2) Think before you type.
    #3) With great power comes great responsibility.
[sudo] password for tw:      此处输入 linuxprobe 用户的密码
匹配此主机上 tw 的默认条目：
    requiretty, !visiblepw, always_set_home, env_reset, env_keep="COLORS
DISPLAY HOSTNAME HISTSIZE INPUTRC KDEDIR LS_COLORS", env_keep+="MAIL PS1
PS2 QTDIR USERNAME LANG LC_ADDRESS LC_CTYPE", env_keep+="LC_COLLATE
LC_IDENTIFICATION LC_MEASUREMENT LC_MESSAGES", env_keep+="LC_MONETARY
LC_NAME LC_NUMERIC LC_PAPER LC_TELEPHONE", env_keep+="LC_TIME LC_ALL
```

```
        LANGUAGE LINGUAS _XKB_CHARSET XAUTHORITY",
        secure_path=/sbin\:/bin\:/usr/sbin\:/usr/bin
用户 tw 可以在该主机上运行以下命令：
        (ALL) ALL
```

(2) 授权普通用户查看 root 家目录文件信息。接下来，我们将演示一个关键的操作示例。作为一名普通用户，通常无法查看 root 管理员的家目录(/root)中的文件信息。然而，只需要在想执行的命令前加上 sudo，即可实现这一操作。

示例如下：

```
[tw@linux ~]$ ls /root
ls: cannot open directory /root: Permission denied
[tw@linux ~]$ sudo ls /root
anaconda-ks.cfg   initial-setup-ks.cfg
```

由于工作环境中不允许某个普通用户拥有系统中所有命令的最高执行权限(这也不符合前文提到的权限赋予原则，即尽可能少地赋予权限)，因此使用 ALL 参数是不合适的。我们只能赋予普通用户特定命令的执行权限，以满足工作要求，并确保必要的权限约束。如果需要让某个用户只能使用 root 管理员的身份执行指定的命令，勿必提供该命令的绝对路径，否则系统将无法识别。可以使用 whereis 命令找出命令所对应的保存路径，然后将配置文件第 99 行的用户权限参数修改为对应的路径。

示例如下：

```
[tw@linux ~]$ exit
exit
[root@linux tw]#
[root@linux tw]# whereis cat
cat: /usr/bin/cat /usr/share/man/man1/cat.1.gz /usr/share/man/man1p/cat.1p.gz
[root@linux tw]# visudo
##
## Allow root to run any commands anywhere
root    ALL=(ALL)        ALL
tw ALL=(ALL)        usr/bin/cat
```

在编辑完成后，应先保存更改再退出。接着，切换回指定的普通用户，然后尝试查看某个文件的内容，此时系统会提示没有权限。这时再使用 sudo 命令就可以顺利查看文件内容了。

示例如下：

```
[root@linux tw]# su - tw
上一次登录：一 6 月 12 15:43:21 CST 2023pts/0 上
[tw@linux ~]$ cat /etc/shadow
```

```
cat: /etc/shadow: 权限不够
[tw@linux ~]$ sudo cat /etc/shadow
[sudo] password for tw:
root:$6$Uvk5492s$9kBcXScWCiM0XaONn78ok/9s5o2QQWkHMS8QFxzG9658oGI9OXnyj/ym9.HrJdk
sPxArfHNImA/uU1leDZx1O/:19506:0:99999:7:::
bin:*:16141:0:99999:7:::
daemon:*:16141:0:99999:7:::
adm:*:16141:0:99999:7:::
lp:*:16141:0:99999:7:::
sync:*:16141:0:99999:7:::
shutdown:*:16141:0:99999:7:::
halt:*:16141:0:99999:7:::
mail:*:16141:0:99999:7:::
operator:*:16141:0:99999:7:::
games:*:16141:0:99999:7:::
ftp:*:16141:0:99999:7:::
nobody:*:16141:0:99999:7:::
……(省略部分文件内容)
```

用户是否注意到，每次执行 sudo 命令时都需要验证一次密码。虽然这个密码就是当前登录用户的密码，但是每次执行 sudo 命令都要输入一次密码确实有些不便。为了简化操作，可以添加 NOPASSWD 参数，使得用户在执行 sudo 命令时不再需要进行密码验证。

示例如下：

```
[tw@linux ~]$ exit
登出
[root@linux tw]# whereis poweroff
poweroff: /usr/sbin/poweroff /usr/share/man/man8/poweroff.8.gz
[root@linux tw]# visudo
……(省略部分文件内容)
##
## Allow root to run any commands anywhere
root    ALL=(ALL)    ALL
tw ALL=NOPASSWD: /usr/sbin/poweroff
……(省略部分文件内容)
```

这样，当切换到普通用户后再执行命令时，就不需要频繁地验证密码了，这使得我们在日常工作中更加高效。

示例如下：

```
[root@linux tw]# # su - linuxprobe
Last login: Thu Sep 3 15:58:31 CST 2017 on pts/1
[tw@linux ~]$ poweroff
User root is logged in on seat0.
Please retry operation after closing inhibitors and logging out other users.
Alternatively, ignore inhibitors and users with 'systemctl poweroff -i'.
```

素养园地

信息安全与隐私保护

在当今信息时代，账户权限和文件权限的管理显得尤为重要。这不仅关乎个人隐私的保护，也涉及企业的数据安全。因此，作为学员，我们应当时刻加强对自己账户权限和文件权限的管理，确保信息安全和隐私不受侵犯。

首先，账户权限管理是信息安全的第一道防线。我们应该妥善保管自己的账户密码，避免泄露给无关人员。同时，我们也要注意防范网络钓鱼、恶意软件等安全威胁，确保账户安全。在账户使用过程中，我们要遵守计算机使用和管理的相关规定，不进行违法违规的操作。

其次，文件权限管理是保障信息安全的重要手段。我们应该了解并掌握文件权限的设置和修改方法，避免无关人员访问和篡改文件。同时，我们也要注意保护重要文件的备份和加密，防止意外情况导致的信息丢失和泄露。

在账户和文件权限管理的过程中，我们还要注重培养法律意识和遵纪守法的习惯。我们应了解并遵守国家的相关法律法规，如《中华人民共和国网络安全法》等，不进行违法违规的操作。同时，我们也要关注社会公德和道德规范，不进行不良行为和侵犯他人权益的行为。

最后，作为学员，我们也要认识到自己在国家和社会中的责任。我们应该以社会主义核心价值观为指导，积极投身于国家的建设和发展。在信息安全领域，我们应该注重信息安全和隐私保护，为维护国家安全和社会稳定做出自己的贡献。

因此，我们需要时刻关注账户权限和文件权限的管理，注重信息安全和隐私保护。同时，我们也要树立正确的价值观和法律意识，遵守计算机使用和管理的规定，培养法律意识和遵纪守法的习惯。只有这样，我们才能真正成为国家的未来和希望，为我国的科技进步和社会发展做出自己的贡献。

单元小结

➢ 用户和用户组的管理命令

➢ 文件和目录的权限命令

➢ 文件访问控制列表权限

➢ su 命令和 sudo 服务

单元自测

■ 一、选择题

1. 在 Linux 中，创建一个新用户的命令是(   )。

    A. adduser   B. useradd   C. newuser   D. createuser

2. (   )命令用于查看已登录用户列表。

    A. who   B. users   C. listusers   D. checkusers

3. 关于修改用户信息的命令，以下选项中错误的是(   )。

    A. chfn   B. chsh   C. chuser   D. chpasswd

4. (   )命令可以修改文件所有者。

    A. chmod   B. chown   C. chgrp   D. usermod

5. 下列选项中，(   )可以将文件 test.txt 的所有者修改为用户 binjie。

    A. chgrp binjie test.txt   B. chown binjie:test.txt

    C. chown binjie test.txt   D. chgroup binjie:test.txt

■ 二、问答题

1. 什么是用户身份和权限？

2. Linux 中权限常用的表示方法是什么？

3. 如何修改文件的权限？

4. 如何查看文件的属性和权限？

5. 如何为用户添加 sudo 权限？

■ 三、上机题

首先，在 Linux 系统中创建一个新用户 binjie，并设置其密码为 123456。接着，在/home 目录下创建一个名为 test 的文件夹，并将其所有者设置为 binjie，同时为用户组和其他用户分别赋予读和执行权限。然后，在 test 目录中创建一个名为 file.txt 的文本文件，并将其权限设置为所有者可读写，用户组和其他用户只读。最后，将当前用户加入 binjie 用户组，并测试是否能够进入 test 目录修改 file.txt 文件内容。

按照以上描述，写出相应的操作步骤。

Linux软件包管理

课程目标

项目目标

❖ 完成对计算机系统状态的检测

❖ 学习 Linux 软件包管理

技能目标

❖ 了解软件包管理的意义和作用

❖ 掌握常用的 rpm 和 yum 包管理命令

素质目标

❖ 培养主动参与和自我学习的能力

❖ 激发对新技术的热爱与学习兴趣

简介

Linux 软件包管理是 Linux 系统中的一个重要模块，用于方便地安装、更新和卸载软件。在 Linux 系统中，软件包管理提供了一种标准化的方法，使用户能够快速且有效地获取并安装所需的软件资源，避免手动编译程序所带来的繁琐过程。

通常，软件包管理工具会将软件分成很多小型包，这些包包含了软件及其所需的附加资源(如库文件和配置文件)，从而简化了软件的安装流程。当用户需要安装新软件时，只需使用相应的软件包管理工具，搜索所需的软件包并进行安装即可。如果需要更新软件，软件包管理工具也会提供便捷的方式来更新软件。另外，当不需要某个软件时，软件包管理工具也能够方便地进行卸载操作。

此外，软件包管理工具还提供了依赖性处理机制，它可以自动检测并解决软件包之间的依赖关系，确保所需的软件资源能够成功安装和正常使用。

Linux 软件包管理是一个不断发展和演进的领域，我们需要保持对新技术的学习和跟进，主动了解相关技术社区的资源，主动参与学习，从而培养自我学习的能力和习惯。

任务 6.1　了解软件包

6.1.1　任务描述

软件包是 Linux 系统中管理软件的重要方式，掌握软件包的相关知识对于正确使用和管理软件至关重要。同时，需要注意解决软件包的依赖关系和冲突问题，并关注软件包的安全性和稳定性。在本节中，我们将学习常见的 rpm 包和 yum 包的相关知识。

6.1.2　知识学习

1. 软件包管理的意义及作用

软件包是指为了方便安装、配置与卸载而创建的一种软件分发方式，通常包含程序、库及其所依赖的其他文件。软件包管理是针对 Linux 系统中的软件包进行管理的工作，主要涉及软件包的安装、更新、查询和卸载等操作。

软件包管理的意义和作用主要体现在以下几个方面。

> 简化软件安装：软件包管理工具提供了一种快捷、简单的方式，可以自动下载并安装所需的软件包，避免了手动下载、编译和安装等繁琐步骤，从而节省了时间和精力。

> 方便软件的管理：软件包管理工具能够自动处理软件之间的依赖关系。在安装、升级软件时，它可以自动解决依赖问题，同时方便用户查询、升级和卸载软件。

> 提高软件的安全性：软件包管理工具能够验证软件包的签名，确保软件包的可信性，从而提高了软件的安全性。

> 保证系统的稳定性：软件包管理工具可以维护系统的软件包版本和依赖关系，保证系统的稳定性。同时，它还能够自动更新和应用安全补丁，从而增强系统的可靠性。

总之，软件包管理是 Linux 系统中必不可少的一部分，它可以帮助用户更好地管理和使用软件，提升系统的易用性、安全性和稳定性。

2. 常见的软件包管理工具

常见的 Linux 软件包管理工具包括 rpm、yum、dpkg 和 apt 等。

(1) rpm。rpm 是 Red Hat Package Manager(红帽软件包管理器)的缩写，是一种常用的软件包管理工具。它使用后缀名为.rpm 的二进制文件来安装、升级、查询和卸载软件包，并能够处理依赖关系和冲突解决等问题。rpm 适用于 Red Hat 系列的 Linux 发行版。

(2) yum。yum 是 Yellowdog Updater Modified(黄狗更新器)的缩写，是一种基于 rpm 的软件包管理工具。通过配置仓库，yum 可以自动下载所需的软件包，并支持软件包的安装、更新、查询和卸载。yum 能够自动解决软件包之间的依赖关系，支持源码安装和本地安装，适用于 Red Hat 系列的 Linux 发行版。

(3) dpkg。dpkg 是 Debian Package Manager(Debian 软件包管理器)的缩写，是一种常用的软件包管理工具，能够对.deb 格式的软件包进行安装、升级、查询和卸载。dpkg 与 apt-get 是 Debian Linux 系统中必备的软件包管理工具。

(4) apt。apt 是 Advanced Package Tool(高级软件包工具)的缩写，是一种基于 dpkg 的软件包管理工具，它提供了一些命令(如 apt-get 和 apt-cache)，用于软件包的安装、更新、查询和卸载。apt 能够自动解决依赖关系，支持本地安装和在线安装，是 Debian 系列发行版中最常用的软件包管理工具。

总之，这些常见的软件包管理工具各具特点，用户可以根据不同的需求进行选择。本节我们主要介绍前两个工具，后两个工具主要用于 Debian 系列 Linux 系统，如果读者感兴趣可以自行深入学习。

任务 6.2　认识 rpm 包

6.2.1　任务描述

　　rpm 是一种通过资料库管理的方式将所需软件安装到 Linux 主机上的管理程序。本节我们将学习 rpm 包的常用命令，并尝试使用 rpm 包进行数据库的安装。

6.2.2　知识学习

　　在 rpm(红帽软件包管理器)出现之前，Linux 系统中的软件安装只能通过源码包的方式进行。早期在 Linux 系统中安装程序非常复杂且耗时较多，大多数的服务程序仅提供源代码，需要运维人员自行编译代码并解决许多的软件依赖关系。因此，要安装好一个服务程序，运维人员除了需要具备丰富的知识和高超的技能以外，还需要极大的耐心。此外，在安装、升级、卸载服务程序时还要考虑其他程序和库的依赖关系，这使得软件管理操作(如校验、安装、卸载、查询和升级)难度非常大。rpm 机制则是为解决这些问题而设计的。rpm 类似于 Windows 系统中的控制面板，会建立统一的数据库文件，详细记录软件信息并能够自动分析依赖关系。目前，rpm 的优势已经被公众所认可，其使用范围也已不局限于红帽系统。

　　表 6-1 展示了一些常用的 rpm 包命令。当前不需要将它们全部记住，熟悉其大致内容即可。

表 6-1

作用	命令
安装软件的命令格式	rpm -ivh filename.rpm
升级软件的命令格式	rpm -Uvh filename.rpm
卸载软件的命令格式	rpm -e filename.rpm
查询软件描述信息的命令格式	rpm -qpi filename.rpm
列出软件文件信息的命令格式	rpm -qpl filename.rpm
查询文件所属的 rpm 的命令格式	rpm -qf filename

6.2.3　任务实现

　　以下是使用 rpm 命令实现前述任务的步骤。

（1）查询软件包是否安装。

```
[root@linux   ～ ]# rpm -q mysql
未安装软件包  mysql
```

（2）安装 MySQL 软件包。

① 使用 wget 命令从 MySQL 官方网站下载 rpm 包，或通过网页下载(文件后缀为.rpm)。

```
[root@linux ~]# wget https://dev.mysql.com/get/mysql80-community-release-el7-1.noarch.rpm
--2023-06-30 14:51:47--   https://dev.mysql.com/get/mysql80-community-release-el7-1.noarch.rpm
正在解析主机  dev.mysql.com (dev.mysql.com)... 104.102.102.89, 2a02:26f0:f700:693::2e31,
2a02:26f0:f700:6b1::2e31
正在连接 dev.mysql.com (dev.mysql.com)|104.102.102.89|:443... 已连接。
已发出 HTTP 请求，正在等待回应... 302 Moved Temporarily
位置：https://repo.mysql.com//mysql80-community-release-el7-1.noarch.rpm [跟随至新的 URL]
--2023-06-30 14:51:49--   https://repo.mysql.com//mysql80-community-release-el7-1.noarch.rpm
正在解析主机 repo.mysql.com (repo.mysql.com)... 23.78.91.208
正在连接 repo.mysql.com (repo.mysql.com)|23.78.91.208|:443... 已连接。
已发出 HTTP 请求，正在等待回应... 200 OK
长度：25820 (25K) [application/x-redhat-package-manager]
正在保存至：“mysql80-community-release-el7-1.noarch.rpm”
100%[==================>] 25,820          33.4KB/s 用时  0.8s
2023-06-30 14:51:51 (33.4 KB/s) - 已保存 “mysql80-community-release-el7-1.noarch.rpm” [25820/25820])
```

② 使用-ivh 参数安装下载好的文件。

```
[root@linux ~ ]# rpm -ivh mysql80-community-release-el7-1.noarch.rpm
警告：mysql80-community-release-el7-1.noarch.rpm: 头 V3 DSA/SHA1 Signature, 密钥 ID 5072e1f5: NOKEY
准备中...                          ############################### [100%]
正在升级/安装...
   1:mysql80-community-release-el7-1   ############################### [100%]
```

③ 查询系统中已安装的所有软件。

```
[root@linux ~]# rpm -qa
```

任务 6.3　认识 yum 包

6.3.1　任务描述

　　尽管 rpm 能够帮助用户查询软件相关的依赖关系，但运维人员仍需要自行解决这些问题。有些大型软件可能与数十个程序存在依赖关系，在这种情况下，安装软件包会变得非常烦琐。为了解决这一问题，yum 软件仓库应运而生，旨在进一步降低软件安装难度和复杂度。yum 软件仓库可以根据用户的要求分析所需软件包及其相关的依赖关系，然后自动从服务器下载软件包并安装到系统中。本节将主要学习 yum 包的常用命令，以及如何使用这些命令安装 JDK 和 MySQL。

6.3.2　知识学习

yum 软件仓库的技术拓扑如图 6-1 所示。

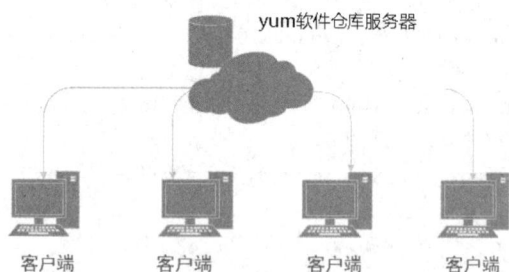

图 6-1

yum 软件仓库中的 rpm 软件包可以由红帽官方发布，也可以由第三方发布，甚至还可以是用户自己编写的。表 6-2 展示了一些常见的 yum 命令，用户只需对它们有一个基本了解即可。

表 6-2

作用	命令
列出所有仓库	yum repolist all
列出仓库中的所有软件包	yum list all
查看软件包信息	yum info 软件包名称
安装软件包	yum install 软件包名称
重新安装软件包	yum reinstall 软件包名称
升级软件包	yum update 软件包名称
移除软件包	yum remove 软件包名称
清除所有仓库缓存	yum clean all
检查可更新的软件包	yum check-update
查看系统中已经安装的软件包组	yum grouplist
安装指定的软件包组	yum groupinstall 软件包组
移除指定的软件包组	yum groupremove 软件包组
查询指定的软件包组信息	yum groupinfo 软件包组

6.3.3　任务实现

1. 安装 JDK

使用 yum 命令安装 JDK 的实现步骤如下。

(1) 安装解压命令。

```
[root@linux ~]# yum install tar
```

(2) 默认安装包在当前目录下，解压到/usr/local/java 目录。

```
[root@linux ~]# tar -zxvf jdk-8u171-linux-x64.tar.gz    -C/usr/local/java
```

(3) 将解压后的目录重命名为 jdk。

```
[root@linux ~]# mv /usr/local/java/ jdk-8u171 jdk
```

(4) 配置环境变量。

```
[root@linux ~]vim /etc/profile
# 以下内容插入到 profile 文件中的末行，保存退出
JAVA_HOME=/usr/local/java/jdk
PATH=$JAVA_HOME/bin:$PATH
CLASSPATH=$JAVA_HOME/jre/lib/ext:$JAVA_HOME/lib/tools.jar
export PATH JAVA_HOME CLASSPATH
```

(5) 使配置文件生效。

```
[root@linux ~] source /etc/profile
```

2. 安装 MySQL

使用 yum 命令安装 MySQL 服务器的实现步骤如下。

(1) 使用 yum 安装 MySQL 服务器。

```
[root@linux ~]# yum install mysql-server
```

(2) 检测仓库可用性。

```
[root@linux ~]# yum repolist
已加载插件：langpacks, product-id, subscription-manager
This system is not registered to Red Hat Subscription Management. You can use subscription-manager to
register.
源标识                               源名称                      状态
mysql-connectors-community/x86_64    MySQL Connectors Co         220
mysql-tools-community/x86_64         MySQL Tools Communi          98
```

```
mysql80-community/x86_64          MySQL 8.0 Community          405
rhel-media                        linuxtw                     4,305
repolist: 5,028
```

(3) 安装软件包。

```
[root@linux ~]# yum install bash-completion
已加载插件: langpacks, product-id, subscription-manager
This system is not registered to Red Hat Subscription Management. You can use subscription-manager to
register.
软件包 1: bash-completion-2.1-6.el7.noarch 已安装并且是最新版本
无须任何处理
```

任务 6.4 了解 systemd 初始化进程

6.4.1 任务描述

Linux 操作系统的启动过程如下: 首先从 BIOS 启动, 随后进入 Boot Loader, 接着加载系统内核, 内核完成初始化后, 启动初始化进程。初始化进程作为 Linux 系统的第一个进程, 负责完成 Linux 系统的相关初始化工作, 为用户提供合适的工作环境。

6.4.2 知识学习

红帽 RHEL 7 系统已经用全新的 systemd 初始化进程服务取代了传统的 System V init。systemd 初始化进程服务, 并采用了并发启动机制显著提升了系统开机速度。虽然 systemd 初始化进程服务具有很多新特性和优势, 但其目前仍存在以下几个主要问题。

➤ 问题1: systemd 初始化进程服务仅支持 Linux 系统, 无法在 UNIX 系统上运行。

➤ 问题2: systemd 接管了例如 syslogd、udev、cgroup 等服务的工作, 功能范围大幅扩展, 不再甘于只做初始化进程服务。

➤ 问题3: 使用 systemd 初始化进程服务后, RHEL 7 系统变化较大, 而相关的参考文档相对不足, 给用户使用和学习带来了一定困难。

无论如何, RHEL 7 系统选择 systemd 初始化进程服务已经是一个既定事实, 因此也没有了"运行级别"这个概念。Linux 系统在启动时, 需要进行大量的初始化工作, 比如挂载文件系统和交换分区、启动各类进程服务等, 这些都可以看作一个个单元(unit)。systemd 用目标(target)代替了 System V init 中"运行级别"的概念, 这两者的区别如表 6-3 所示。

表 6-3

System V init 运行级别	systemd 目标名称	作用
0	runlevel0.target, poweroff.target	关机
1	runlevel1.target, rescue.target	单用户模式
2	runlevel2.target, multi-user.target	等同于级别 3
3	runlevel3.target, multi-user.target	多用户的文本界面
4	runlevel4.target, multi-user.target	等同于级别 3
5	runlevel5.target, graphical.target	多用户的图形界面
6	runlevel6.target, reboot.target	重启
emergency	emergency.target	紧急 Shell

如果用户想要将系统默认的运行目标修改为"多用户，无图形"模式，则可以使用以下命令将多用户模式目标文件链接到/etc/systemd/system/目录。

```
[root@linux 桌面]# ln -sf /lib/systemd/multi-user.target /etc/systemd/system/default.target
```

任务 6.5　了解 rpm 包与源码包和 yum 包的区别

6.5.1　任务描述

在完成上述内容的学习之后，我们有必要对 rpm 包、源码包，以及 yum 软件包的差异进行系统性总结。本节将详细剖析这三种软件包之间的区别。

6.5.2　知识学习

1. 源码包的优缺点

➤ 源码包优点：能够查看软件的源代码，赋予用户极大的安装灵活性。用户可以自定义安装路径与安装功能，并且卸载方便。

➤ 源码包缺点：安装过程较为复杂，通常要求用户手动进行编译。此外，用户还需要手动处理软件包之间的依赖关系。

2. rpm 包的优缺点

➤ rpm 包优点：已提前编译，安装过程简单快捷。

> ➤ rpm 包缺点：用户无法自定义所有功能，安装灵活性不如源码包，并且无法查看软件的源代码

3. yum 包管理

yum 是 CentOS/RHEL 系统中的软件包管理工具。通过 yum 下载软件包时，它会自动解决软件包之间的依赖关系。

4. 源码包安装方式及安装步骤

(1) 下载源码包。

(2) 安装源码包依赖(可以根据官方提示或通过搜索引擎查找)。

(3) 解压源码包并进入源码包目录。

(4) 运行 configure 命令，检测系统环境并指定安装路径与功能(若不指定，则使用默认配置和安装路径)。

(5) 运行 make 命令，将源代码编译为二进制码。

(6) 运行 make install 命令，完成软件包的安装。

素养园地

关注计算机科学技术发展

Linux 软件包管理是计算机科学领域的一个重要组成部分，它随着技术的不断发展和进步也在持续演进和完善。作为学员，我们有责任和义务保持对新技术的学习和跟进，以适应快速发展的技术。

在这个不断发展的领域中，我们需要主动了解相关技术社区的资源，包括最新的技术动态、发展趋势，以及最佳实践等。通过参与社区活动、阅读相关文档、听取专家讲座等方式，我们可以扩展自己的知识面，提高自己的专业技能，为以后的工作和学习打下坚实基础。

除了学习新的技术知识，我们还需要培养主动参与和自我学习的能力。自我学习是一种非常重要的素质，它可以帮助我们不断进步，以适应不断变化的工作环境。我们应该培养良好的学习习惯和方法，如制订学习计划、阅读经典著作、参与开源项目等，以提高学习效果和效率。

在这个学习和发展的过程中，我们也需要树立正确的价值观。社会主义核心价值观是我们学习和工作的指导思想，它包括爱国、敬业、诚信、友善等重要元素。我们应该将这

些价值观贯彻到自己的学习和工作中，以实现个人价值和社会价值的双重目标。

最后，作为学员，我们也有责任为国家和社会的进步做出贡献。我们应该以国家和社会的利益为重，积极参与到相关的技术研究和开发中，为推动我国计算机科学技术的发展和进步做出自己的贡献。

因此，我们需要保持对新技术的学习和跟进，主动了解相关技术社区的资源，培养自我学习的能力和习惯。同时，我们也要树立正确的价值观，以社会主义核心价值观为指导，为国家和社会的进步做出贡献。只有这样，我们才能真正成为国家的未来和希望，为我国的科技进步和社会发展做出自己的贡献。

单元小结

- ➤ 常用的软件包管理工具
- ➤ 软件包安装、升级、查询、卸载和依赖解决
- ➤ systemd 初始化进程

单元自测

■ 一、选择题

1. 在 rpm 包管理系统中，命令 rpm -e 用于(　　)。
   A. 安装软件包
   B. 升级已安装的软件包
   C. 卸载已安装的软件包
   D. 查询软件包信息

2. 在使用 yum 命令安装软件包时，常见的选项有(　　)。
   A. -i、-u、-c　　　　　B. -y、-q、-v　　　　　C. -y、-t、-d　　　　　D. -i、-p、-r

3. 在 yum 命令中，--enablerepo 选项的作用是(　　)。
   A. 开启已经禁用的仓库　　　　　B. 禁用当前正在使用的仓库
   C. 启用另一个指定的仓库　　　　　D. 显示所有可用的仓库

4. 若想查看一个已经安装的 rpm 软件包的所有文件列表，应该使用(　　)命令。
   A. rpm -qf　　　　　B. rpm -vl　　　　　C. rpm -vi　　　　　D. rpm –ql

5. (　　)命令用于在 CentOS 系统上更新所有已安装的软件包。

    A. yum upgrade all   B. yum update

    C. yum install   D. yum remove

■ 二、问答题

1. 请简要说明 rpm 命令中-v、-h 和-i 选项的含义。

2. 请简述 yum 命令中的 update 和 upgrade 两个子命令的区别。

3. rpm 命令中的-e 选项能够完成哪些操作？

■ 三、上机题

某公司的服务器使用 CentOS 7 操作系统，服务器上需要安装常用的 Web 服务器软件包。请完成以下任务。

(1) 安装 Apache HTTP Server 和 PHP 软件包。

(2) 确认软件包已经成功安装，并查看 Apache HTTP Server 所在的文件路径。

(3) 卸载 PHP 软件包。

具体要求如下。

(1) 使用 yum 命令安装和卸载软件包。

(2) 在软件包的安装过程中，显示详细的安装信息。

(3) 提交安装和卸载的命令截图，并在截图中标注相应的操作。

Vim编辑器和Shell编程

课程目标

项目目标

❖ 完成 Vim 编辑器的学习

❖ 完成简单 Shell 脚本的学习

技能目标

❖ 掌握 Vim 文本编辑器的使用

❖ 学会编写简单的 Shell 脚本

❖ 掌握流程控制语句的语法

素质目标

❖ 理解信息安全的重要性

❖ 强化网络安全意识

简介

本单元首先讲解如何使用 Vim 编辑器进行文档编写与修改，通过配置主机名称、系统网卡以及 yum 软件仓库参数文件等实验，帮助用户深入理解 Vim 编辑器中的命令、快捷键和模式切换方法。接下来，将前面章节中讲解的 Linux 命令、命令语法以及 Shell 脚本中的各种流程控制语句结合 Vim 编辑器写入 Shell 脚本，从而实现自动化工作的脚本文件。最后，本单元演示了如何利用 at 命令与 crond 计划任务服务，分别实现一次性的系统任务设置和长期性的系统任务设置，从而提升日常工作的效率与自动化程度。

在 Shell 编程实践中，我们应遵守法律法规，杜绝非法操作与攻击行为，提升对网络安全的认知和警惕性。通过实际编程练习，学会从实际问题中提取需求，分析问题、设计解决方案并付诸实施，努力提升问题解决能力、逻辑思维和创造力。

任务 7.1　认识 Vim 编辑器

7.1.1　任务描述

在 Linux 系统中，一切皆为文件，配置服务本质上就是修改配置文件的参数。在日常工作中，编写文档是必不可少的任务，这些工作通常通过文本编辑器完成。本书的目标是帮助用户真正掌握 Linux 系统的运维方法，而不是仅仅停留在"会用某个操作系统"的层面。因此，我们选择使用 Vim 文本编辑器，它默认会安装在当前所有的 Linux 操作系统上，是一款功能强大的文本编辑器。

本节我们将学习 Vim 编辑器的三种使用模式，并利用 Vim 编辑器完成主机名称、网卡，以及 yum 软件仓库的配置。

7.1.2　知识学习

Vim 之所以受到众多厂商和用户的广泛认可，是因为其独特的操作模式——命令模式、末行模式和编辑模式。每种模式都支持多种不同的命令快捷键，极大地提升了工作效率。一旦用户熟悉这些模式及其切换方法(见图 7-1)，操作将变得非常流畅。

➤　命令模式：用于控制光标移动，执行文本复制、粘贴、删除和查找等操作。

➢ 输入模式：用于正常的文本录入。
➢ 末行模式：用于保存或退出文档，以及设置编辑环境。

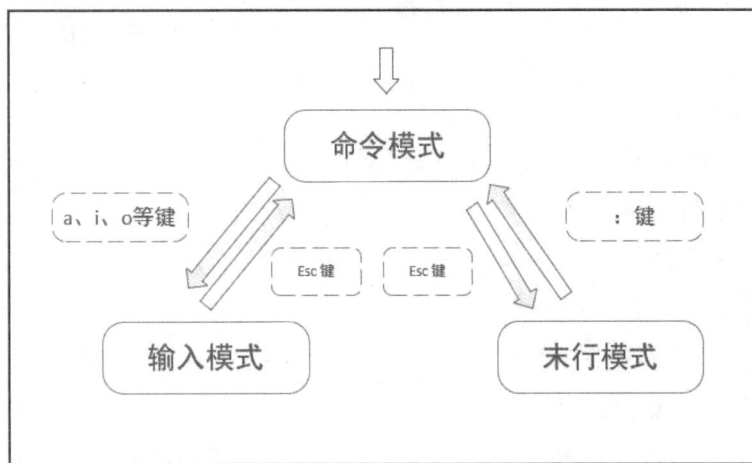

图 7-1

　　在每次运行 Vim 编辑器时，默认进入命令模式。在此模式下，用户需要先切换到输入模式才能进行文档编辑。而在完成文档编写，又需要先返回命令模式，再切换到末行模式，以执行文档的保存或退出操作。在 Vim 中，无法直接从输入模式切换到末行模式。Vim 编辑器中内置的命令有成百上千种用法，为了能够更快地掌握 Vim 编辑器，以下总结了命令模式中一些常用的命令。

➢ dd：删除(剪切)光标所在整行。
➢ 5dd：删除(剪切)从光标处开始的 5 行。
➢ yy：复制光标所在的整行。
➢ 5yy：复制从光标处开始的 5 行。
➢ n：显示搜索命令定位到的下一个字符串。
➢ N：显示搜索命令定位到的上一个字符串。
➢ u：撤销上一步操作。
➢ p：将之前删除(dd)或复制(yy)过的数据粘贴到光标后面。
➢ x：删除当前光标所在的单字符。
➢ C：删除当前光标及光标后的所有内容并进入输入模式。
➢ $：将光标移动至行尾。
➢ 0：将光标移动至行首。
➢ gg：跳转至文件第一行。
➢ G：跳转至文件最后一行。

末行模式主要用于保存或退出文件、设置 Vim 编辑器的工作环境，以及执行外部的
Linux 命令或跳转到所编写文档的特定行。要切换到末行模式，只需在命令模式中输入一
个冒号即可。以下是末行模式中常用的命令。

➤ :w：保存文件。

➤ :q：退出 Vim。

➤ :q!：强制退出(放弃对文档的修改)。

➤ :wq!：强制保存并退出。

➤ :set nu：显示行号。

➤ :set nonu：不显示行号。

➤ :命令：执行该命令。

➤ :整数：跳转指定该行。

➤ :s/one/two：将当前光标所在行的第一个 one 替换成 two。

➤ :s/one/two/g：将当前光标所在行的所有 one 替换成 two。

➤ :%s/one/two/g：将全文中的所有 one 替换成 two。

➤ ?字符串：在文本中从下至上搜索指定字符串。

➤ /字符串：在文本中从上至下搜索指定字符串。

7.1.3 任务实现

至此，我们已经掌握了在 Linux 系统中编写文档的理论知识。接下来，我们将动手编
写一个简单的脚本文档，并使用 Vim 编辑器来完成三项基本配置任务。这此过程中，我们
将详尽记录所有操作步骤和按键过程。如果忘记了某些快捷键命令的作用，用户可以随时
翻阅前文进行复习。

1．编写简单文档

编写脚本文档的首要步骤就是为文档命名。在此，我们将文档命名为 test.txt。如果该
文档存在，则直接打开；如果不存在，则创建一个临时的输入文件，如图 7-2 所示。

打开 test.txt 文档后，默认进入 Vim 编辑器的命令模式。在该模式下，用户只能执行命
令，而无法随意输入文本内容。我们需要切换到输入模式才可以编写文档。

如图 7-1 所示，用户可以分别使用 a、i 或 o 键从命令模式切换到输入模式。其中，a 键
与 i 键分别是在光标后一位和光标当前位置切换到输入模式，而 o 键则是在光标的下方再
创建一个空行并进入输入模式。建议用户按下 a 键进入编辑器的输入模式，如图 7-3 所示。

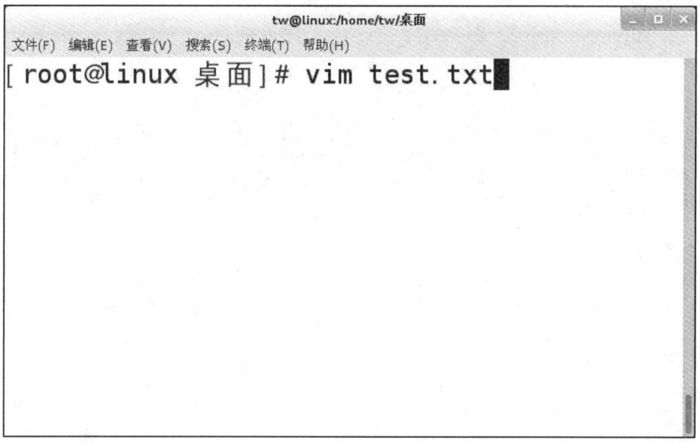

图 7-2

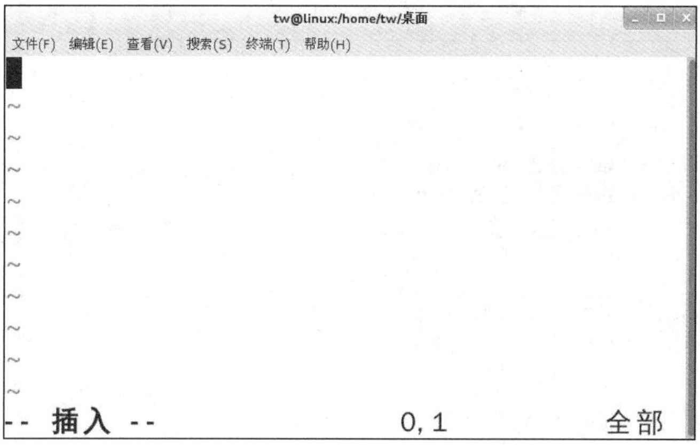

图 7-3

进入输入模式后，用户可以随意输入文本内容。Vim 编辑器不会将输入的文本内容解释为命令执行，如图 7-4 所示。

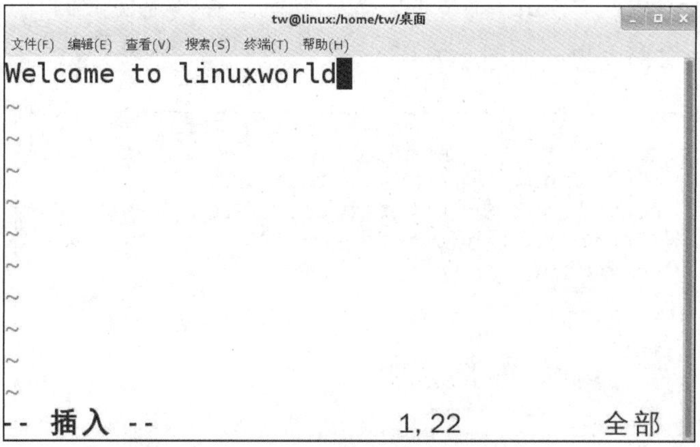

图 7-4

在完成文档编写后，若需要保存并退出，必须先按 Esc 键从输入模式切换回命令模式，如图 7-5 所示。随后，输入"：wq!"命令切换到末行模式，执行保存并退出操作，如图 7-6 所示。

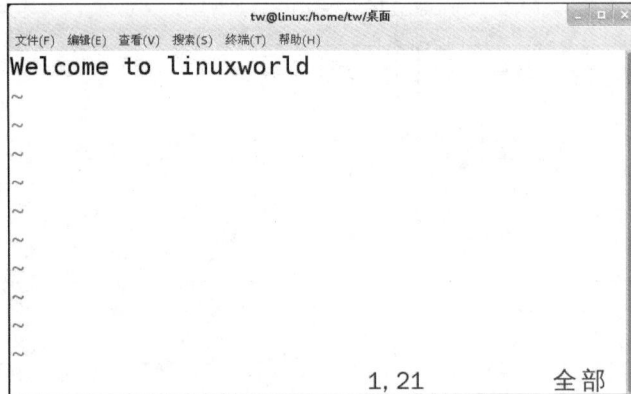

图 7-5

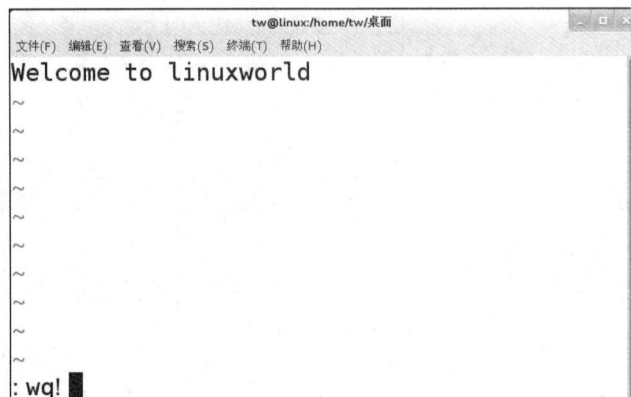

图 7-6

当在末行模式中输入"：wq!"命令时，表示强制保存并退出文档。随后，可以使用 cat 命令查看保存后的文档内容，如图 7-7 所示。

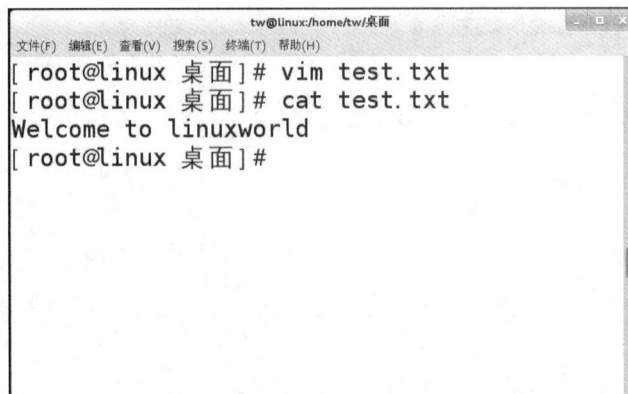

图 7-7

是不是很简单？继续编辑该文档。由于需要在原有文本内容的下方追加内容，因此在命令模式下按下 o 键进入输入模式会更为高效，具体操作如图 7-8～图 7-10 所示。

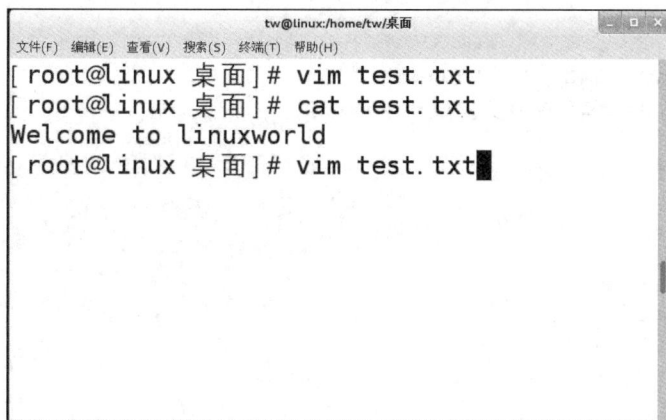

图 7-8

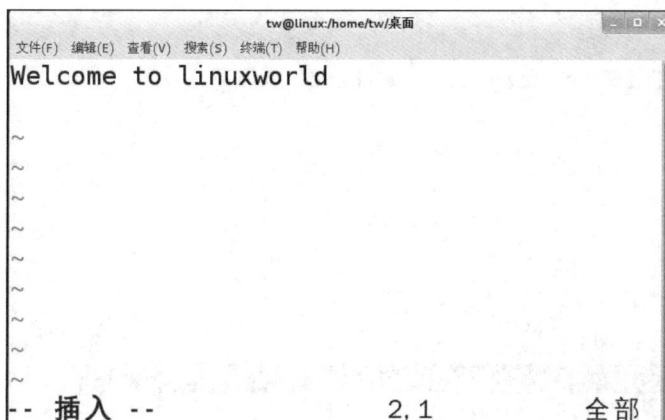

图 7-9

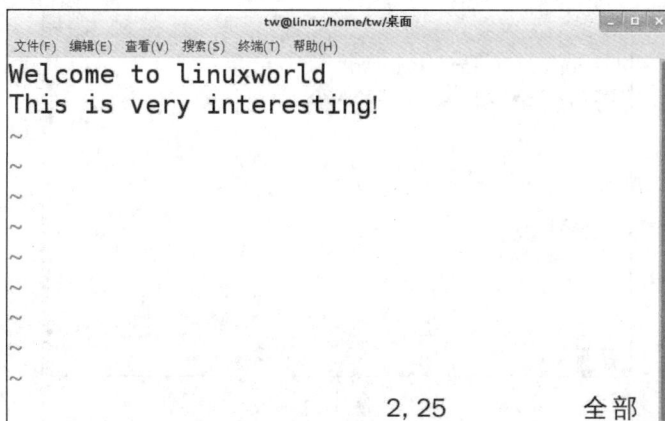

图 7-10

　　由于此时已经修改了文本内容，因此 Vim 编辑器在我们尝试直接退出文档时会拒绝该操作。此时只能强制退出才能结束本次输入操作，如图 7-11～图 7-13 所示。

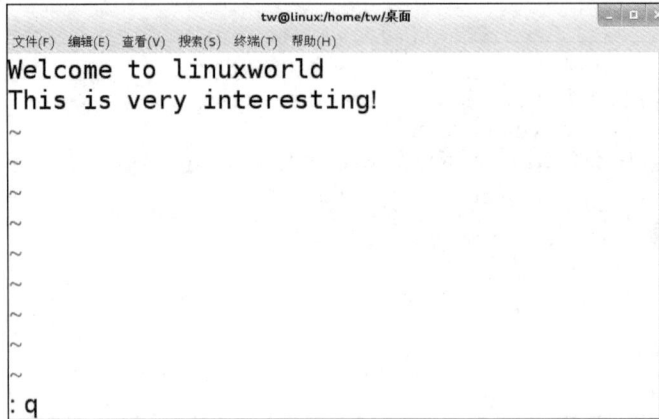

图 7-11

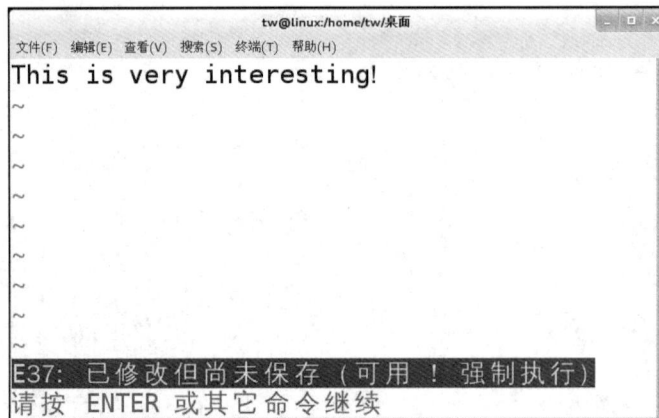

图 7-12

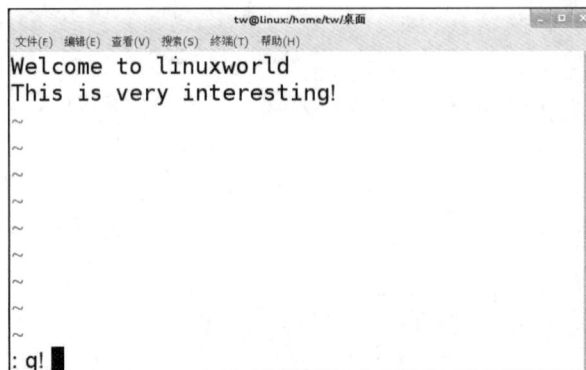

图 7-13

　　通过之前的实践操作，用户已经积累了一定的 Vim 编辑器使用经验，应该会觉得它并没有想象中那么复杂。此时在查看文本内容时，可以看到之前追加输入的部分并未被保存，如图 7-14 所示。

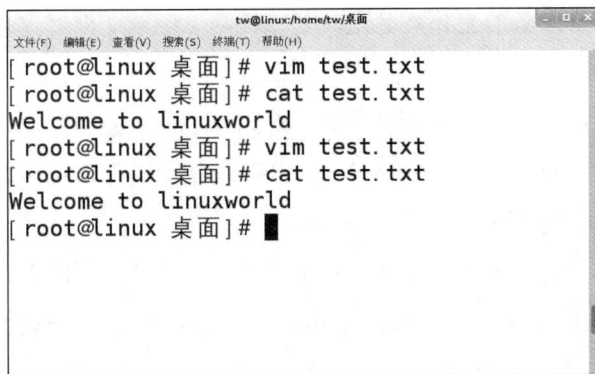

图 7-14

在掌握了理论知识并亲自动手编写文本后，是否感到颇有成就呢？接下来，我们将会由浅入深地安排三个小任务，帮助用户进一步巩固 Vim 编辑器的使用技巧。为了彻底掌握 Vim 的操作务必逐个完成这些任务。如果在完成任务的过程中忘记了相关命令，可以随时回顾前文进行复习。

2. 配置主机名称

为了便于在局域网中查找特定主机或对主机进行区分，除 IP 地址外，还需要为主机配置一个主机名。主机之间可以通过这个类似域名的名称相互访问。在 Linux 系统中，主机名通常保存在/etc/hostname 文件中。接下来，我们将/etc/hostname 文件的内容修改为 linux.com，具体步骤如下。

(1) 使用 Vim 编辑器修改/etc/hostname 主机名称文件。

(2) 删除原始主机名称后，追加 linux.com(使用 Vim 编辑器修改主机名称文件后，需要在末行模式下执行 ":wq!" 命令才能保存并退出文档)。

(3) 保存并退出文档后，使用 hostname 命令检查是否修改成功。

```
[root@linux 桌面]# hostname              //先查询主机当前名称
linux.tw
[root@linux 桌面]# vim /etc/hostname     //打开 Vim 编辑器，修改文件
[root@linux 桌面]# hostname              //再查询主机当前名称
linux.com
```

hostname 命令用于查看当前的主机名称，但有时主机名称的改变不会立即同步到系统中。因此，如果发现修改完成后显示的仍是原主机的名称，可以重启虚拟机后再进行查看。

3. 配置网卡信息

网卡 IP 地址的正确配置是两台服务器可以相互通信的前提。在 Linux 系统中，一切皆为文件，因此配置网络服务的工作实际上就是编辑网卡配置文件。这项任务不仅可以帮助我们练习使用 Vim 编辑器，还可以为后面学习 Linux 中的各种服务配置打下了坚实的基础。认真学习完本书后，用户会感到特别有成就感，因为本书前面的基础部分非常翔实，而后面内容则提供了几乎一致的网卡 IP 地址和运行环境，从而确保用户可以全身心地投入到各类服务程序的学习中，而不用操心系统环境问题。

如果用户具备一定的运维经验或熟悉早期的 Linux 系统，可能会在学习本书时遇到一些不易接受的差异。在 RHEL 5 和 RHEL 6 中，网卡配置文件的前缀为 eth，第一块网卡为 eth0，第二块网卡为 eth1，以此类推。而在 RHEL 7 中，网卡配置文件的前缀则改为 ifcfg，加上网卡名称共同组成了网卡配置文件的名称，例如 ifcfg-eno16777736。尽管文件名有所改变，但配置文件的核心内容保持了高度的一致性。

现在，有一个名称为 ifcfg-eno16777736 的网卡设备，我们需要将其配置为开机自启动，并手动指定 IP 地址、子网掩码、网关等信息，具体步骤如下。

(1) 首先切换到/etc/sysconfig/network-scripts 目录(存放着网卡的配置文件)。

(2) 使用 Vim 编辑器修改 ifcfg-eno16777736 文件，逐项写入以下配置参数并保存退出(由于每台设备的硬件及架构不同，应使用 ifconfig 命令自行确认各网卡的默认名称)。

➢ 设备类型：TYPE=Ethernet

➢ 地址分配模式：BOOTPROTO=static

➢ 网卡名称：NAME=eno16777736

➢ 是否启动：ONBOOT=yes

➢ IP 地址：IPADDR=192.168.10.10

➢ 子网掩码：NETMASK=255.255.255.0

➢ 网关地址：GATEWAY=192.168.10.1

➢ DNS 地址：DNS1=192.168.10.1

(3) 重启网络服务并测试网络联通性。进入网卡配置文件所在的目录，然后编辑网卡配置文件，并填入以下信息：

```
[root@linux 桌面]# cd /etc/sysconfig/network-scripts
[root@linux network-scripts]# vim ifcfg-eno16777736
//以下为编辑器打开内容，此内容可按照实际情况进行 ip 地址的编写
TYPE=Ethernet
BOOTPROTO=static
NAME=eno16777736
ONBOOT=yes
```

```
IPADDR=192.168.10.10
NETMASK=255.255.255.0
GATEWAY=192.168.10.1
DNS1=192.168.10.1
```

执行重启网卡设备的命令(在正常情况下不会显示提示信息)，然后通过 ping 命令测试网络联通性。由于在 Linux 系统中 ping 命令不会自动终止，因此需要按 Ctrl-C 键来强制结束进程。

```
[root@linux network-scripts]# systemctl restart network
[root@linux network-scripts]# ping 192.168.10.10
PING 192.168.10.10 (192.168.10.10) 56(84) bytes of data.
64 bytes from 192.168.10.10: icmp_seq=1 ttl=64 time=0.081 ms
64 bytes from 192.168.10.10: icmp_seq=2 ttl=64 time=0.083 ms
64 bytes from 192.168.10.10: icmp_seq=3 ttl=64 time=0.059 ms
64 bytes from 192.168.10.10: icmp_seq=4 ttl=64 time=0.097 ms
^C
--- 192.168.10.10 ping statistics ---
4 packets transmitted, 4 received, 0% packet loss, time 2999ms
rtt min/avg/max/mdev = 0.059/0.080/0.097/0.013 ms
```

4. 配置 yum 软件仓库

前面提到，yum 软件仓库的作用是进一步简化 rpm 管理软件的难度，并自动分析所需软件包及其依赖关系。可以将 yum 想象成是一个庞大的软件仓库，其中保存几乎所有的常用工具。用户只需指定所需软件包的名称，系统就会自动完成所有操作。

要使用 yum 软件仓库，首先需要搭建并配置它。以下是搭建和配置 yum 软件仓库的步骤。

(1) 进入/etc/yum.repos.d/目录(该目录存放 yum 软件仓库的配置文件)。

(2) 使用 Vim 编辑器创建一个名为 rhel7.repo 的新配置文件(文件名称可以自定义，但后缀必须为.repo)。逐项写入以下配置参数并保存退出(不要写入参数后面的中文注释)。

> [rhel-media]：yum 软件仓库唯一标识符，避免与其他仓库冲突。

> name=linuxtw：yum 软件仓库的名称描述，便于用户识别仓库的用途。

> baseurl=file:///media/cdrom：提供的方式包括 FTP(ftp://..)、HTTP(http://..)、本地 (file:///..)。

> enabled=1：设置源是否可用(1 为可用，0 为禁用)。

> gpgcheck=1：设置是否校验文件(1 为校验，0 为不校验)。

> gpgkey=file:///media/cdrom/RPM-GPG-KEY-redhat-release：若参数开启校验，应指定公钥文件地址。

(3) 根据配置参数，将光盘挂载到指定路径，并将光盘挂载信息写入/etc/fstab 文件中。

(4) 使用 yum install httpd -y 命令检查 yum 软件仓库是否已经可用。

进入/etc/yum.repos.d 目录后创建 yum 配置文件。

```
[root@linux network-scripts]# cd /etc/yum.repos.d
[root@linux yum.repos.d]# vim rhel7.repo
//以下为打开 Vim 编辑器后输入内容
[rhel-media]
name=linuxtw
baseurl=file:///media/cdrom
enabled=1
gpgcheck=1
gpgkey=file:///media/cdrom/RPM-GPG-KEY-redhat-release
```

创建挂载点后进行挂载操作，并设置为开机自动挂载。尝试使用 yum 软件仓库来安装 Web 服务，若显示"完毕!"则代表配置正确。

```
[root@linux yum.repos.d]# mkdir -p /media/cdrom
[root@linux yum.repos.d]# mount /dev/cdrom /media/cdrom
mount: /dev/sr0 写保护，将以只读方式挂载
[root@linux yum.repos.d]# vim /etc/fstab
[root@linux yum.repos.d]# yum install httpd
已加载插件：langpacks, product-id, subscription-manager
……(省略部分输出信息)
已安装:
    httpd.x86_64 0:2.4.6-17.el7
作为依赖被安装:
    apr.x86_64 0:1.4.8-3.el7
    apr-util.x86_64 0:1.5.2-6.el7
    httpd-tools.x86_64 0:2.4.6-17.el7
    mailcap.noarch 0:2.1.41-2.el7
完毕!
```

任务 7.2　编写 Shell 脚本

7.2.1　任务描述

本节我们将学习编写 Shell 脚本，掌握基本概念和语法，并熟悉基本的 Shell 脚本编程技巧。我们将从简单的脚本编写开始，逐步进入用户输入的参数，并对这些参数进行进一步处理，从而实现更灵活的脚本功能。

7.2.2　知识学习

可以将 Shell 终端解释器视为人与计算机硬件之间的"翻译官"，它作为用户与 Linux 系统内部的通信媒介，不仅支持各种变量与参数，还提供了循环、分支等高级编程语言才有的控制结构特性。正确使用 Shell 中的这些功能特性并准确地下达命令至关重要。Shell 脚本命令的工作方式主要有两种：交互式和批处理。

➢ 交互式(interactive)：用户每输入一条命令，系统立即执行。

➢ 批处理(batch)：用户事先编写一个完整的 Shell 脚本，Shell 一次性执行脚本中的所有命令。

在 Shell 脚本中，不仅会用到前面学习过的很多 Linux 命令、管道符和数据流重定向等语法规则，还需要将内部功能模块化，并通过逻辑语句进行处理，最终形成日常所见的 Shell 脚本。

查看 SHELL 变量可以发现当前系统已经默认使用 Bash 作为命令行终端解释器。

```
[root@linux ~]# echo $SHELL
/bin/bash
```

1．编写简单的脚本

上文提到的是高级 Shell 脚本的编写原则。实际上，使用 Vim 编辑器将 Linux 命令按照顺序写入一个文件中，就构成了一个简单的脚本。

例如，如果想要查看当前工作路径并列出当前目录下所有文件及其属性信息，实现该功能的脚本可以如下编写：

```
[root@linux ~]# vim example.sh
#!/bin/bash
#For Example BY linuxprobe.com
pwd
ls -al
```

Shell 脚本文件的名称可以任意指定，但为了避免与普通文件混淆，建议加上.sh 后缀，用于表示这是一个脚本文件。在上述 example.sh 脚本中，实际上包含了三种不同的元素。

➢ 第一行的脚本声明(#!)用于告诉系统使用哪种 Shell 解释器来执行该脚本。

➢ 第二行的注释信息(#)是对脚本功能和某些命令的说明，以便于用户自己或其他用户在日后查看脚本内容时，可以快速了解该脚本的作用或注意事项。

➢ 第三和第四行的可执行语句就是我们平时在终端中执行的 Linux 命令。

若用户对如此简便地编写出一个脚本程序心存疑虑，那么我们可以通过执行该脚本来验证其结果：

```
[root@linux ~]# bash test.sh /root/desktop
/root
总用量 124
dr-xrwx---+  5 root root 4096 6 月   28 14:49 .
drwxr-xr-x. 18 root root 4096 6 月   13 00:28 ..
-rw-rwx---+  1 root root 1192 4 月   23 09:12 anaconda-ks.cfg
……(省略部分输出信息)
```

除了使用 bash 解释器命令直接运行 Shell 脚本文件以外，还有一种运行脚本程序的方法是通过输入完整路径来执行。然而，默认情况下，由于权限不足，系统会提示错误信息。此时，只需为脚本文件增加执行权限即可。

示例如下：

```
[root@linux ~]# ./test.sh
bash: ./test.sh: 权限不够
[root@linux ~]# chmod u+x test.sh
[root@linux ~]# ./test.sh /root/desktop
/root
总用量 124
dr-xrwx---+  5 root root 4096 6 月   28 14:49 .
drwxr-xr-x. 18 root root 4096 6 月   13 00:28 ..
……(省略部分输出信息)
```

2. 接收用户的参数

例如以上示例的脚本程序只能执行一些预先定义好的功能，显得过于死板。为了让 Shell 脚本程序更好地满足用户的一些实时需求，灵活完成工作，脚本程序需要能够接收用户输入的参数，就像之前执行命令时那样。

Linux 系统中的 Shell 脚本语言早已考虑到了这些需求，已经内置了用于接收参数的变量。这些变量之间可以使用空格间隔。例如，$0 对应的是当前 Shell 脚本程序的名称；$# 对应的是总共有几个参数；$*对应的是所有位置的参数值；$?对应的是显示上一次命令的执行返回值；$1、$2、$3 等分别对应第 N 个位置的参数值，如图 7-15 所示。

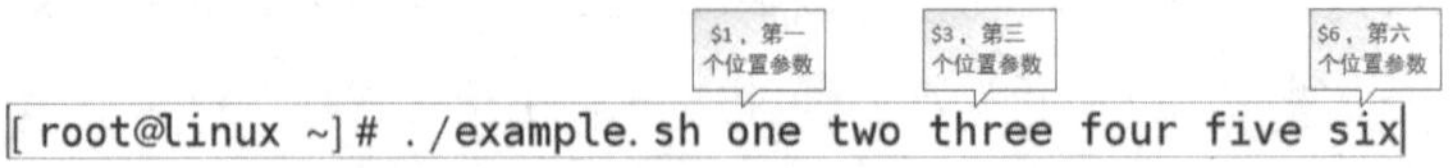

图 7-15

在学习理论之后，我们通过实践来加深理解。接下来，尝试编写一个脚本程序示例，利用前面提到的变量参数来观察实际效果。

```
[root@linux ~]# vim example.sh
#! /bin/bash
echo "当前脚本名称为$0"
echo "总共有$#个参数, 分别是$*."
echo "第一个参数为$1,第五个为$5."
[root@linux ~]# sh example.sh one two three four five six
当前脚本名称为 example.sh
总共有 6 个参数, 分别是 one two three four five six.
第一个参数为 one,第五个为 five.
```

3. 判断用户的参数

在掌握了 Linux 命令、Shell 脚本语法变量以及接收用户输入信息之后，接下来我们将迈向新的高度——进一步处理接收到的用户参数。

在本书前面章节中提到，系统在执行 mkdir 命令时会判断用户输入的信息，即判断用户指定的文件夹名称是否已经存在。如果存在，则提示错误；反之，则自动创建。类似地，Shell 脚本中的条件测试语法可以判断表达式是否成立。若条件成立，则返回数字 0；否则返回其他随机数值。条件测试语法的执行格式如下所示(需要注意的是，条件表达式两边均应有一个空格)。

格式：[条件表达式]

根据测试对象的不同，条件测试语句可以分为以下几种。

➤ 文件测试语句。

➤ 逻辑测试语句。

➤ 整数值比较语句。

➤ 字符串比较语句。

文件测试运算符用于根据特定条件判断文件的存在性及其权限状态等，具体参数如表 7-1 所示。

表 7-1

运算符	作用
-d	测试文件是否为目录类型
-e	测试文件是否存在
-f	判断是否为一般文件
-r	测试当前用户是否有权限读取
-w	测试当前用户是否有权限写入
-x	测试当前用户是否有权限执行

下面使用文件测试语句来判断/etc/fstab 是否为一个目录类型的文件，并通过 Shell 解释器的内置变量$?显示上一条命令执行后的返回值。如果返回值为 0，则目录存在；如果返回值为非零值，则目录不存在。

```
[root@linux ~]# [ -d /etc/fstab ]
[root@linux ~]# echo $?
1
```

使用文件测试语句来判断/etc/fstab 是否为一般文件，如果返回值为 0，则表示文件存在且为一般文件。

```
[root@linux ~]# [ -f /etc/fstab ]
[root@linux ~]# echo $?
0
```

逻辑语句用于对测试结果进行分析，并根据测试结果实现不同的效果。例如，在 Shell 终端中逻辑"与"的运算符号是&&，它表示当前面的命令执行成功后才会执行它后面的命令。因此，可以用来判断/dev/cdrom 文件是否存在，若存在则输出 Exist。

```
[root@linux ~]# [ -e /dev/cdrom ] && echo "Exist"
Exist
```

除了逻辑"与"外，还有逻辑"或"，它在 Linux 系统中的运算符号为||，表示当前面的命令执行失败后才会执行后面的命令。因此，可以用来结合系统环境变量 USER 来判断当前登录的用户是否为非管理员身份。

```
[root@linux ~]# echo $USER
root
[root@linux ~]# [ $USER = root ] || echo "user"
[root@linux ~]# su   tw
[tw@linux ~]$ [ $USER = root ] || echo "user"
user
```

第三种逻辑语句是"非"，在 Linux 系统中的运算符号是一个叹号(!)，它表示将条件测试中的判断结果取相反值。也就是说，如果原本测试的结果是正确的，则将其变成错误的；原本测试错误的结果则将其变成正确的。

下面切换到一个普通用户的身份，再判断当前用户是否为一个非管理员的用户。由于判断结果因为两次否定而变成正确，因此会正常地输出预设信息。

```
[tw@linux ~]$ exit
logout
[root@linux root]# [ ! $USER = root ] || echo "administrator"
administrator
```

接下来，我们通过一个综合的示例来巩固前面所学的知识。一方面，这将作为对之前学习内容的总结；另一方面，它将帮助我们夯实基础，以便在今后工作中更灵活地使用逻辑符号。

当前登录的用户是管理员用户 root。以下示例的执行顺序如下：首先，判断当前登录用户的 USER 变量名称是否等于 root，然后用逻辑运算符"非"(!)进行取反操作，从而判断当前登录的用户是否为非管理员用户。若条件成立，则根据逻辑"与"(&&)运算符输出 user 字样；若条件不成立，则通过逻辑"或"(||)运算符输出 root 字样。只有当前逻辑"与"(&&)不成立时才会执行逻辑或(||)的部分。

```
[root@linux ~]# [ ! $USER = root ] && echo "user" || echo "root"
root
```

接下来，我们来了解一下整数比较运算符。整数比较运算符仅用于数字操作，不能与字符串、文件等内容一起使用。此外，不能直接使用日常生活中的等号(=)、大于号(>)、小于号(<)等符号进行判断。因为这些符号与赋值命令符、输出重定向命令符和输入重定向命令符冲突。因此，一定要使用规范的整数比较运算符来进行操作。可用的整数比较运算符如表 7-2 所示。

表 7-2

运算符	作用
-eq	是否等于
-ne	是否不等于
-gt	是否大于
-lt	是否小于
-le	是否等于或小于
-ge	是否大于或等于

接下来，我们通过一些简单的测试来加深对整数比较和字符串比较的理解。我们测试一下 10 是否大于 10 以及 10 是否等于 10(通过输出的返回值内容来判断)。

```
[root@linux ~]# [ 10 -gt 10 ]
[root@linux ~]# echo $?
1
[root@linux ~]# [ 10 -eq 10 ]
[root@linux ~]# echo $?
0
```

字符串比较语句用于判断测试字符串是否为空值，或者两个字符串是否相同。它经常用于判断某个变量是否未被定义(即内容为空值),理解起来也比较简单。字符串比较中常见的运算符如表 7-3 所示。

表 7-3

运算符	作用
=	比较字符串是否相同
!=	比较字符串是否不同
-z	判断字符串内容是否为空

接下来,通过判断 string 变量是否为空值,进而判断是否定义了这个变量。

```
[root@linux ~]# [ -z $String]
[root@linux ~]# echo $?
0
```

尝试引入逻辑运算符来测试。当用于保存当前语系的环境变量值 LANG 不是英语(en.US)时,则会满足逻辑测试条件并输出"Not en.US"(非英语)。

```
[root@linuxprobe ~]# echo $LANG
en_US.UTF-8
[root@linuxprobe ~]# [ $LANG != "en.US" ] && echo "Not en.US"
Not en.US
```

7.2.3 任务实现

在前面的内容中,我们通过示例学习了如何编写 Shell 脚本,以及如何接收和判断用户的参数。接下来,我们将通过一个综合任务来巩固本节的知识:编写一个脚本,接收用户输入的两个数字,并计算这两个数字的和。

实现步骤如下。

(1) 创建一个名为 sum.sh 的文件,用于存放脚本内容。

```
[root@linuxprobe ~]# vim sum.sh
```

(2) 在文件中编写以下内容。

```
[root@linuxprobe ~]# vim sum.sh
#!/bin/bash
# 检查参数个数是否正确
  if [ $# -ne 2 ];
then
echo "Usage: $0 num1 num2"
```

```
exit 1
fi
# 获取用户输入的两个数字
num1=$1
num2=$2
# 计算两个数字的和
sum=$((num1 + num2))
# 输出结果
echo "The sum of $num1 and $num2 is: $sum"
```

（3）保存文件并赋予执行权限。

```
[root@linuxprobe ~]# chmod +x sum.sh
```

（4）运行脚本并传入两个数字作为参数。

```
[root@linuxprobe ~]# bash ./sum.sh 3 5
```

（5）查看输出结果。

```
The sum of 3 and 5 is: 8
```

任务 7.3　学习流程控制语句

7.3.1　任务描述

虽然我们现在已经能够使用 Linux 命令、管道符、重定向，以及条件测试语句来编写最基本的 Shell 脚本，但这种脚本并不适用于生产环境。原因是它不能根据真实的工作需求来调整具体的执行命令，也不能根据某些条件实现自动循环执行。例如，编写一个脚本，用于批量压缩指定目录下的所有文件。脚本需要接收两个参数：源目录和目标目录。在压缩过程中，脚本需要判断源目录是否存在、目标目录是否存在，以及源目录是否为空。如果源目录不存在或为空，脚本应给出相应的提示信息。如果目标目录不存在，脚本应自动创建该目录。

接下来，我们将通过 if、for、while、case 这几种流程控制语句来学习编写难度更高、功能更强的 Shell 脚本。通过学习这些流程控制语句，可以更好地理解 Shell 脚本的执行逻辑和控制流程，为编写更加复杂和实用的脚本打下基础。

7.3.2 知识学习

为了确保内容的实用性和趣味性，实现寓教于乐的目标，我们将通过多种不同功能的 Shell 脚本示例进行讲解，而不是局限于一个脚本进行反复修改。虽然这种逐步完善的教学方式也能帮助我们理解理论和知识，但可能限制了我们的思维拓展，不利于未来的工作实践。

1. if 条件测试语句

if 条件测试语句可以让脚本根据实际情况自动执行相应的命令。从技术角度来看，if 语句分为单分支结构、双分支结构和多分支结构，其复杂度随着灵活性一起逐级上升。

if 条件语句的单分支结构由 if、then 和 fi 关键词组成，仅在条件成立后才执行预设的命令，类似于口语中的"如果……那么……"。单分支 if 语句是最简单的条件判断结构，其语法格式如下：

if　条件测试操作

　　then　命令序列

fi

示例如下：

if　目录不存在

　　then　创建该目录

fi

下面使用单分支的 if 条件语句来判断/media/cdrom 目录是否存在。如果该目录存在，则结束条件判断和整个 Shell 脚本；如果目录不存在，则创建该目录。

```
[root@linux ~]# vim mkcdrom.sh
#!/bin/bash
DIR="/media/cdrom"
if [ ! -e $DIR ]
then
mkdir -p $DIR
fi
```

在正常情况下，顺利执行完脚本文件后没有任何输出信息，但可以使用 ls 命令验证/media/cdrom 目录是否已经成功创建。

```
[root@linux ~]# bash mkcdrom.sh
[root@linux ~]# ls -d /media/cdrom
/media/cdrom
```

　　if 条件语句的双分支结构由 if、then、else 和 fi 关键词组成，它进行一次条件匹配判断：如果条件成立，则执行匹配时的预设命令；反之，则执行不匹配时的预设命令。这相当于日常口语中的"如果……那么……；或者……那么……"。if 条件语句的双分支结构也是一种简单的判断结构，其语法格式如下：

if　条件测试操作

　　then　命令序列 1

　　else　命令序列 2

fi

示例如下：

if 能够 ping　通

　　then　提示服务器工作正常

　　else　报警服务器出现问题

fi

　　下面使用双分支的 if 条件语句来验证某台主机是否在线。根据返回值的结果，脚本将显示主机在线或不在线的信息。脚本主要使用 ping 命令来测试与目标主机的网络联通性。需要注意的是，Linux 系统中的 ping 命令不像 Windows 一样尝试 4 次就结束。为了避免用户等待时间过长，需要通过-c 参数来规定尝试的次数，并使用-i 参数定义每个数据包的发送间隔，以及使用-W 参数定义等待超时时间。

　　以下是实现该功能的脚本：

```
[root@linux ~]# vim chkhost.sh
#!/bin/bash
ping -c 3 -i 0.2 -W 3 $1 &> /dev/null
if [ $? -eq 0 ]
then
echo "Host $1 is On-line."
else
echo "Host $1 is Off-line."
fi
```

　　在前面小节中，我们已经用过$?变量，其作用是显示上一次命令的执行返回值。若前面的那条语句成功执行，则$?变量会显示数字 0，反之则显示一个非零的数字(可能为 1，也可能为 2，具体取决于系统版本)。因此，可以通过整数比较运算符来判断$?变量是否为 0，从而确定该命令的执行结果。例如，服务器 IP 地址为 10.0.70.14，我们可以使用前面编写的 chkhost.sh 脚本来验证其效果。

```
[root@linux ~]# bash chkhost.sh 10.0.70.14
Host 10.0.70.14 is On-line.
[root@linux ~]# bash chkhost.sh 10.0.70.24
Host 10.0.70.24 is Off-line.
```

if 条件语句的多分支结构由 if、then、else、elif 和 fi 关键词组成。它允许进行多次条件匹配判断，一旦其中任何一个条件匹配成功，就会执行相应的预设命令。这类似于口语中的"如果……那么；……如果……那么……"。if 条件语句的多分支结构是工作中最常使用的一种条件判断结构，虽然相对复杂，但更加灵活，其语法格式如下：

if 条件测试操作 1

   then 命令序列 1

elif   条件测试操作 2

   then 命令序列 2

else

   命令序列 3

fi

示例如下：

if 分数为 85~100 之间

   then   判为优秀

elif   分数为 70~84 之间

   then   判为合格

else

   判为不合格

fi

下面使用多分支的 if 条件语句来判断用户输入的分数在哪个成绩区间，并输出相应的提示信息，如 Excellent、Pass 或 Fail。在 Linux 系统中，read 命令用于读取用户输入的信息，并将接收到的信息赋值给指定的变量，-p 参数用于向用户显示提示信息。在下面的脚本示例中，只有当用户输入的分数大于等于 85 分且小于等于 100 分时，才输出 Excellent 字样。若分数不满足该条件(即匹配不成功)，则继续判断分数是否大于等于 70 分且小于等于 84 分；如果满足条件，则输出 Pass；如果两次判断都不满足，则输出 Fail。

以下是脚本的具体内容：

```
[root@linuxprobe ~]# vim chkscore.sh
#!/bin/bash
read -p "Enter your score(0-100)：" GRADE
if [ $GRADE -ge 85 ] && [ $GRADE -le 100 ] ;
```

```
then
echo "$GRADE is Excellent"
elif [ $GRADE -ge 70 ] && [ $GRADE -le 84 ] ;
then
echo "$GRADE is Pass"
else
echo "$GRADE is Fail"
fi
```

下面执行该脚本。当用户输入的分数分别为 80 和 200 时，执行结果如下：

```
[root@linuxprobe ~]# bash chkscore.sh
Enter your score(0-100)：80
80 is Excellent
[root@linuxprobe ~]# bash chkscore.sh
Enter your score(0-100)：200
200 is Fail
```

　　为什么当输入的分数为 200 时，依然显示 Fail 呢？原因很简单：输入的分数没有成功匹配脚本中的两个条件判断语句，因此自动执行了最终的兜底策略。这表明当前脚本还不是很完善，建议用户自行完善这个脚本，使得当用户在输入大于 100 或小于 0 的分数时，能够输出 Error 的报错提示。

2. for 条件循环语句

　　for 循环语句允许脚本一次性读取多个信息，并逐一对这些信息进行操作处理。当要处理的数据有范围时，使用 for 循环语句是非常合适的。for 循环语句的语法格式如下：

for　变量名　in 取值列表
　　　do
命令序列
　　　done

示例如下：

for　用户名　in 列表文件
　　　do
　　　　创建用户并设置密码
　　　done

　　下面使用 for 循环语句从列表文件中读取多个用户名，然后逐一为其创建用户账户并设置密码。首先创建用户名称的列表文件 users.txt，每个用户名称占一行。用户可以自行决定具体的用户名称和数量。

```
[root@linuxprobe ~]# vim users.txt
Liubei
```

```
Guanyu
Zhangfei
Zhaoyun
Huanggai
```

接下来，编写 Shell 脚本 Example.sh。在脚本中，使用 read 命令读取用户输入的密码值，并将其赋值给 PASSWD 变量。并通过-p 参数向用户显示提示信息，告知用户正在输入的内容即将作为账户密码。执行该脚本后，将自动使用从列表文件 users.txt 中获取到所有的用户名称，然后逐一使用"id 用户名"命令查看用户的信息，并通过$?判断该命令是否执行成功，即判断该用户是否已存在。

需要额外说明的是，/dev/null 是一个被称为"Linux 黑洞"的文件。将输出信息重定向到这个文件，等同于删除数据(类似于没有回收功能的垃圾箱)，从而使用户的屏幕窗口保持简洁。

以下是 Example.sh 脚本的完整内容：

```
[root@linuxprobe ~]# vim Example.sh
#!/bin/bash
read -p "Enter The Users Password : " PASSWD
for UNAME in `cat users.txt`
do
id $UNAME &> /dev/null
  if [ $? -eq 0 ]
    then
      echo "Already exists"
    else
      useradd $UNAME &> /dev/null
      echo "$PASSWD" | passwd --stdin $UNAME &> /dev/null
      if [ $? -eq 0 ]
      then
        echo "$UNAME , Create success"
      else
        echo "$UNAME , Create failure"
      fi
  fi
done
```

执行批量创建用户的 Shell 脚本 Example.sh 时，用户需要输入为账户设定的密码。随后，脚本将自动检查并创建相应的用户账户。为了保持屏幕窗口的简洁，脚本已经将多余的信息通过输出重定向符转移到了/dev/null 黑洞文件中。因此，在正常情况下屏幕窗口除了"用户账户创建成功"(create success)的提示信息以外，不会显示其他内容。

在 Linux 系统中，/etc/passwd 文件用于保存用户账户信息。如果需要确认脚本是否成功创建了用户账户，可以查看该文件，检查其中是否包含新创建的用户信息。

以下是脚本执行过程及验证结果示例：

```
[root@linux ~]# bash Example.sh
Enter The Users Password : linuxprobe
Liubei , Create success
Guanyu , Create success
Zhangfei , Create success
Zhaoyun , Create success
[root@linux ~]# tail -6 /etc/passwd
Liubei:x:1001:1001::/home/Liubei:/bin/bash
Guanyu:x:1002:1002::/home/Guanyu:/bin/bash
Zhangfei:x:1003:1003::/home/Zhangfei:/bin/bash
Zhaoyun:x:1004:1004::/home/Zhaoyun:/bin/bash
```

3. while 条件循环语句

while 条件循环语句是一种让脚本根据某些条件来重复执行命令的语句，它的循环结构往往在执行前并不确定最终执行的次数，完全不同于 for 循环语句中有目标、有范围的使用场景。while 循环语句通过判断条件测试的真假来决定是否继续执行命令，若条件为真就继续执行，条件为假则结束循环。while 语句的语法格式如下：

while　条件测试操作

do

　　　命令序列

done

示例如下：

while 未猜中正确价格

do

　　　猜测商品价格

done

接下来，我们将结合使用多分支的 if 条件测试语句与 while 条件循环语句，编写一个用于猜测数值大小的脚本 Guess.sh。该脚本使用$RANDOM 变量来调取出一个随机的数值(范围在 0～32 767 之间)。将这个随机数对 1000 取余，并使用 expr 命令取得其结果。接着，脚本将这个结果与用户通过 read 命令输入的数值进行比较判断。判断语句分为三种情况，分别是判断用户输入的数值是等于、大于还是小于 expr 命令取得的数值。在当前的脚本逻辑中，我们重点关注的是 while 条件循环语句。由于循环条件测试始终为 true，判断语句会无限执行下去，直到用户输入的数值与通过 expr 命令取得的数值完全相等时，这一循环才会被打破。此时，脚本将执行 exit 0 命令，终止脚本的执行。

以下是具体脚本代码：

```
[root@linux ~]# vim Guess.sh
#!/bin/bash
PRICE=$(expr $RANDOM % 1000)
TIMES=0
echo "商品实际价格为 0-999 之间，猜猜看是多少？"
while true
do
     read -p "请输入您猜测的价格数目：" INT
     let TIMES++
       if [ $INT -eq $PRICE ] ;
          then
          echo "恭喜您答对了，实际价格是 $PRICE"
          echo "您总共猜测了 $TIMES 次"
          exit 0
       elif [ $INT -gt $PRICE ] ;
       then
          echo "太高了！"
       else
          echo "太低了！"
       fi
done
```

在 Guess.sh 脚本中，我们添加了一些交互式的提示信息，从而使得用户与系统的互动性得以增强。每次循环执行到 let TIMES++ 命令时，都会让 TIMES 变量的值加 1，用于统计循环总计执行了多少次。这一设计可以让用户了解自己总共猜测了多少次才成功猜中目标价格。

以下是脚本运行的示例过程：

```
[root@linux ~]# bash Guess.sh
商品实际价格为 0~999 之间，猜猜看是多少？
请输入您猜测的价格数目：500
太低了！
请输入您猜测的价格数目：800
太高了！
请输入您猜测的价格数目：650
太低了！
请输入您猜测的价格数目：720
太高了！
请输入您猜测的价格数目：690
太低了！
请输入您猜测的价格数目：700
太高了！
请输入您猜测的价格数目：695
太高了！
请输入您猜测的价格数目：692
太高了！
```

请输入您猜测的价格数目：691
恭喜您答对了，实际价格是 691
您总共猜测了 9 次

4. case 条件测试语句

case 语句用于在多个范围内匹配数据。若匹配成功，则执行相关命令并结束整个条件测试；若数据不在所列出的范围内，则执行星号(*)所定义的默认命令序列。case 语句的语法结构如下：

case 变量值 in
模式 1)
　　　命令序列 1
　　　;;
模式 1)
　　　命令序列 2
　　　;;
　　　……
*)
　　　默认命令序列
esac

示例如下：

case 　输入的字符　in
[a-z] | [A-Z])
　　　提示为字母。
　　　;;
[0-9])
　　　提示为数字。
　　　;;
　　　……
*)
　　　提示为特殊字符
esac

在前文介绍的 Guess.sh 脚本中，存在一个明显的缺陷——脚本只能处理数字输入。如果尝试输入一个字母，脚本会立即崩溃。这是因为字母无法与数字进行大小比较，例如，"a 是否大于等于 3" 这样的命题是毫无意义的。我们必须有一定的措施来判断用户的输入内容，当用户输入的内容不是数字时，脚本应给出提示，而不是直接崩溃。

通过在脚本中组合使用 case 条件测试语句和通配符，完全可以满足这里的需求。接下来我们编写脚本 Checkkeys.sh，提示用户输入一个字符并将其赋值给变量 KEY，然后根据变量 KEY 的值向用户显示其值是字母、数字还是其他字符。

以下是 Checkkeys.sh 脚本的完整代码：

```
[root@linux ~]# vim Checkkeys.sh
#!/bin/bash
read -p "请输入一个字符，并按 Enter 键确认：" KEY
case "$KEY" in
[a-z][A-Z])
echo "您输入的是字母。"
;;
[0-9])
echo "您输入的是数字。"
;;
*)
echo "您输入的是空格、功能键或其他控制字符。"
esac
```

以下是脚本运行的几个示例：

```
[root@linuxprobe ~]# bash Checkkeys.sh
请输入一个字符，并按 Enter 键确认：6
您输入的是数字。
[root@linux ~]# bash Checkkeys.sh

请输入一个字符，并按 Enter 键确认：p
您输入的是字母。

[root@linux ~]# bash Checkkeys.sh
请输入一个字符，并按 Enter 键确认：^[[15~
您输入的是空格、功能键或其他控制字符。
```

7.3.3 任务实现

在前面的内容中，我们学习了 if、while、for 和 case 四种流程控制语句。接下来，我们将使用某一种流程控制语句来实现本节开头的任务。具体实现步骤如下。

(1) 编写脚本文件，将其命名为 compress_files.sh，并输入以下内容。

```
#!/bin/bash
# 检查参数个数是否正确
if [ $# -ne 2 ]; then
echo "Usage: $0 source_directory target_directory"
```

```
exit 1 fi
# 获取参数值
source_dir=$1
target_dir=$2
# 检查源目录是否存在
if [ ! -d "$source_dir" ]; then
echo "Error: Source directory does not exist."
exit 1
fi
# 检查源目录是否为空
if [ "$(ls -A $source_dir)" ]; then
  # 检查目标目录是否存在，如果不存在则创建
if [ ! -d "$target_dir" ]; then
  mkdir -p "$target_dir"
fi
# 遍历源目录下的所有文件，并压缩到目标目录
for file in "$source_dir"/*; do
if [ -f "$file" ]; then
zip -r "$target_dir/$(basename "$file").zip" "$file"
fi
done
else
echo "Error: Source directory is empty."
exit 1
fi

echo "Files compressed successfully."
exit 0
```

(2) 保存脚本文件。

(3) 授权脚本执行权限。

```
[root@linuxprobe ~]# chmod +x compress_files.sh
```

(4) 运行脚本，传入源目录和目标目录作为参数。

```
[root@linux ~]# bash ./create_users.sh
```

任务 7.4　计划任务服务程序

7.4.1　任务描述

经验丰富的系统运维工程师能够通过自动化手段，让 Linux 系统在指定的时间段内自

动启用或停止某些服务或命令，从而实现运维工作的自动化。尽管我们现在已经有了功能强大的脚本程序来执行批量任务，但如果仍然需要在每天凌晨两点手动执行这些脚本程序，这无疑是低效且痛苦的。因此，接下来我们将介绍如何设置服务器的计划任务服务，把周期性、规律性的工作交给系统自动完成。

7.4.2　任务实现

我们将计划任务分为一次性计划任务与长期性计划任务，具体理解如下。

➤　一次性计划任务。例如，今晚 11 点 30 分开启网站服务。

➤　长期性计划任务。例如，每周一的凌晨 3 点 25 分将/home/wwwroot 目录打包备份为 backup.tar.gz。

一次性计划任务通常用于满足临时性工作需求，可以通过 at 命令实现。实现方法非常简单，只需要写成"at 时间"的形式即可。如果想要查看已设置好但还未执行的一次性计划任务，可以使用 at -l 命令；如果要删除某个任务，则可以使用"atrm 任务序号"命令。在使用 at 命令设置一次性计划任务时，默认采用交互式方法。例如，使用以下命令可以将系统设置为在今晚 23 点 30 分自动重启网站服务：

```
[root@linux~]# at 23:30
at > systemctl restart httpd
at > 此处请同时按下 Ctrl + D 组合键来结束编写计划任务
job 3 at Mon Apr 27 23:30:00 2017
[root@linux~]# at -l
3 Mon Apr 27 23:30:00 2017 a root
```

若用户想尝试一种具有挑战性但更为简洁的方式，可以将前面学习的管道符(｜)置于两条命令之间，让 at 命令接收前面 echo 命令的输出信息，从而实现以非交互式的方式创建一次性计划任务的目标。

以下是具体的操作示例：

```
[root@linux ~]# echo "systemctl restart httpd" | at 23:30
job 2 at Wed Jul 12 23:30:00 2023
[root@linux ~]# at -l
1     Wed Jul 12 23:30:00 2023 a root
2     Wed Jul 12 23:30:00 2023 a root
```

如果不小心设置了两个一次性计划任务，可以使用以下命令删除其中一个：

```
[root@linux tw]# atrm 2
[root@linux tw]# at -l
1     Wed Jul 12 23:30:00 2023 a root
```

如果我们希望 Linux 系统能够周期性地、有规律地执行某些具体的任务，那么 Linux 系统中默认启用的 crond 服务无疑是最佳选择。创建和编辑计划任务的命令为 crontab -e，查看当前计划任务的命令为 crontab -l，删除某条计划任务的命令为 crontab -r。此外，如果用户以管理员的身份登录系统，还可以在 crontab 命令中加上-u 参数来编辑其他用户的计划任务。

在正式部署计划任务前，建议牢记以下口诀："分、时、日、月、星期、命令"。这是使用 crond 服务设置任务的参数格式(具体格式如表 7-4 所示)。需要注意的是，如果某些字段未设置具体值，则需要使用星号(*)占位。

表 7-4

字段	说明
分	取值为 0~59 的整数
时	取值为 0~23 的整数
日	取值为 1~31 的整数
月	取值为 1~12 的整数
星期	取值为 0~7 的任意整数，其中 0 与 7 均代表星期日
命令	要执行的命令或程序脚本

假设在每周一、三、五的凌晨 3 点 25 分，需要使用 tar 命令对某个网站的数据目录进行打包处理，以生成备份文件。我们可以使用 crontab -e 命令来创建计划任务，无须额外添加-u 参数。任务配置完成后，可以通过 crontab -l 命令查看任务的详细参数，如下所示：

```
[root@linux ~]# crontab -e
no crontab for root - using an empty one
crontab: installing new crontab
[root@linux ~]# crontab -l
25 3 * * 1,3,5 /usr/bin/tar -czvf backup.tar.gz /home/wwwroot
```

需要注意的是，除了使用逗号(,)来分别表示多个时间段(例如，"8,9,12"表示 8 月、9 月和 12 月)，还可以用减号(-)来表示一段连续的时间周期(例如，字段"日"的取值为"12-15"，则表示每月的 12～15 日)。此外，使用除号(/)可以表示执行任务的间隔时间(例如，"/2"表示每隔 2 分钟执行一次任务)。

在 crond 服务中，若需要同时包含多条计划任务的命令语句，应确保每行仅写一条命令。例如，我们添加一条计划任务，其功能是每周一至周五的凌晨 1 点自动清空/tmp 目录内的所有文件。特别需要注意的是，在 crond 服务的计划任务参数中，所有命令必须使用绝对路径。如果不知道绝对路径，可以使用 whereis 命令进行查询，rm 命令的路径为以下输出信息中的加粗部分：

```
[root@linux ~]# whereis rm
rm: /usr/bin/rm /usr/share/man/man1/rm.1.gz /usr/share/man/man1p/rm.1p.gz
[root@linux ~]# crontab -e
crontab: installing new crontab
[root@linux ~]# crontab -l
25 3 * * 1,3,5 /usr/bin/tar -czvf backup.tar.gz /home/wwwroot
0 1 * * 1-5 /usr/bin/rm -rf /tmp/*
```

在本节的最后，强调一些在工作中使用计划服务时需要注意的事项。

➤ 在 crond 服务的配置参数中，可以像 Shell 脚本那样以#号开头添加注释信息。这样在日后回顾这段命令代码时，可以快速了解其功能、需求以及编写人员等重要信息。

➤ 计划任务中的"分"字段必须有数值，不能为空或使用*号。此外，"日"和"星期"字段不能同时使用，否则会发生冲突。

最后再强调一点，诸如 crond 在内的很多服务默认调用的是 Vim 编辑器。相信大家现在已经能更深刻地理解，在 Linux 系统中掌握 Vim 文本编辑器的重要性了。因此，请大家务必在熟练掌握 Vim 编辑器之后，再继续学习下一章的内容。

素养园地

高效与安全并重，践行社会责任

在这个充满挑战与机遇的时代，Shell 编程以其高效、灵活的特点，成为信息时代的重要工具之一。然而，在追求编程技巧的同时，我们不能忽视法律法规的约束，必须时刻保持对网络安全的高度警觉。这不仅是对个人信息的保护，更是对国家和社会的责任担当。

作为编程学员，我们应牢记社会主义核心价值观，以爱国主义为引领，尊重社会公德，强化职业道德，为国家和社会的繁荣稳定贡献力量。我们应该学会从实际问题中提取需求，分析问题，设计解决方案，并付诸实践，以提升自身的问题解决能力、逻辑思维和创造力。

同时，我们也要明确自身的社会责任。在编程过程中，我们应该注重数据的合法性与隐私性，避免对他人造成伤害或侵犯权益。我们应该积极传播正能量，倡导诚信、公正、公平的互联网环境，为建设和谐、稳定的社会贡献力量。

通过 Shell 编程的实践，我们可以更深刻地理解信息安全的重要性。我们应该时刻保持警惕，防范网络攻击和数据泄露，保障国家和社会的网络安全。我们应该积极学习网络安全知识，提高自身的防范意识和应对能力，为维护网络安全贡献力量。

总之，在 Shell 编程的学习过程中，我们应该牢记法律法规的约束，强化网络安全意识，积极履行社会责任，以社会主义核心价值观为导向，不断提升自身的编程技能和综合素质。通过不断地实践和探索，为国家和社会的繁荣稳定贡献自己的力量。

单元小结

➢ Vim 文本编辑器
➢ 编写 Shell 脚本
➢ 流程控制语句

单元自测

■ 一、选择题

1. 在 Vim 中，要将光标移到文档的最后一行，应该使用(　　)命令。

　　A. :w　　　　　　　　B. :q　　　　　　　　C. :G　　　　　　　　D. :$

2. (　　)命令用于在 Shell 中创建一个新目录。

　　A. touch　　　　　　B. rm　　　　　　　　C. cp　　　　　　　　D. mkdir

3. Shell 中管道符"|"的作用是(　　)。

　　A. 合并两个文件

　　B. 重定向输出到文件

　　C. 将一个命令的输出作为另一个命令的输入

　　D. 创建一个子进程

4. 在 Vim 中，要将当前打开的文档保存并退出编辑器，应该使用(　　)命令。

　　A. :w　　　　　　　　B. :q　　　　　　　　C. :x　　　　　　　　D. :wq

5. (　　)命令用于在 Shell 中列出当前目录的内容。

　　A. dir　　　　　　　B. ls　　　　　　　　C. pwd　　　　　　　D. cd

■ 二、问答题

1. 请简要解释 Vim 编辑器的三种模式。

2. 如何在 Shell 脚本中使用 if 语句进行条件判断？

■ 三、上机题

请编写一个 Shell 脚本，实现以下功能。

(1) 要求用户输入一个数字 n 作为参数。

(2) 脚本首先检查用户输入的是否为正整数。如果输入的不是正整数，则输出错误提示信息并退出；如果输入的是正整数，则计算从 1 到 n 的累加和，并输出结果。

単元

八

Shell函数

课程目标

项目目标

完成 Shell 函数的学习

技能目标

❖ 掌握函数的定义和调用方法

❖ 熟悉函数参数的传递和读取

❖ 理解函数的返回值

❖ 学会编写递归函数

❖ 理解局部变量和全局变量的区别

❖ 掌握正则表达式的基础知识

❖ 了解正则表达式的应用

素质目标

❖ 培养分析问题和解决问题的能力

❖ 培养国家和社会意识

简介

在 Linux Shell 编程中，函数是一种将复杂命令集合分解为多个较小任务的强大工具。利用函数，编程人员可以构建更复杂的 Shell 程序，同时避免重复编写相同的代码，这正是模块化编程的核心思想。因此，我们在编程实践中要尊重他人的成果并注重团队的协作。本单元将从函数的定义和基本知识点入手，详细讲解函数参数调用、函数返回值、局部变量和全局变量，并重点介绍函数间的相互调用和函数递归调用。此外，本单元还将介绍正则表达式在文本中的应用，探讨信息过滤和保护的重要性，以及正确使用技术并注重法律约束。

任务 8.1 介绍 Shell 函数

8.1.1 任务描述

本节我们将学习 Shell 函数。Shell 函数是 Shell 脚本的重要组成部分，掌握函数的相关知识点对于编写高效、可维护的脚本具有重要意义。在学习过程中，需要重点关注函数的定义、参数传递、返回值处理，以及函数调用等方面的问题，以确保函数的正确性和可靠性。

8.1.2 知识学习

作为一种完整的编程语言，Linux Shell 必定不能缺少函数支持。函数是一段独立的程序代码，用于执行一个完整的单项工作。函数复用是高质量代码的重要特征，因此在大型程序中，函数的身影随处可见。

当 Shell 执行函数时，并不会独立创建子进程。常用的做法是将函数写入其他文件中，在需要时才将其载入脚本。

接下来，我们将从三个方面讲解函数，分别是 Shell 执行命令的顺序、函数的使用规则和函数的自动加载机制。

1) Shell 执行命令的顺序

交互式 Shell 在处理用户输入时，并不会直接在 PATH 路径中查找命令，而是按照固定的顺序依次确定命令位置。搜索顺序如下。

(1) 别名：即使用 alias command="⋯"创建的命令。

(2) 关键字：如 if、for 等控制结构关键字。

(3) 函数：本单元的主题。

(4) 内置命令：如 cd、pwd 等命令。

(5) 外部命令：即脚本或可执行程序，此时会在 PATH 路径中查找。

由此可见，当存在同名命令时，函数的优先级高于脚本。可以使用内置命令 command、buildin 和 enable 改变优先级顺序。这些命令允许将函数、别名和脚本文件定义为相同的名称，并选择执行其中之一。

如果需要了解某个命令的类型，则可以使用 type 命令。type 命令会显示命令的来源，无论是别名、函数还是外部命令。例如：

```
[root@linux ~]# type ls
ls 是 `ls --color=auto' 的别名
[root@linux ~]# type echo
echo 是 shell 内嵌
[root@linux ~]# type cat
cat 已被哈希 (/usr/bin/cat)
```

在这个例子中，type 命令分别显示三个命令(ls、echo 和 cat)的来源。ls 来自 alias，且为了显示不同文件类型的颜色，ls 被绑定为 ls--color=auto。echo 是 Shell 内置命令，而 cat 是外部命令。

type 命令用于显示命令的类型。

语法：type CommandName…

2) 函数的使用规则

在使用函数时，需要遵循以下主要规则。

➢ 函数必须先定义，后使用。

➢ 函数在当前环境下运行，共享调用它的脚本中的变量，并且允许通过位置参数赋值的方式向函数传递参数。函数体内部可以使用 local 限定词创建局部变量。

➢ 如果在函数中使用 exit 命令，将直接退出脚本。如果希望从函数返回到调用处，可以使用 return 命令。

➢ 函数的 return 语句返回函数执行最后一条命令的退出状态。

➢ 使用内置命令 export -f 可以将函数导出到子 Shell 中。

> ➢ 如果函数保存在其他文件中，可以使用 source 或 dot 命令将其加载到当前脚本中。

> ➢ 函数可以递归调用，并且没有调用限制。

> ➢ 可以使用 declare -f 找到登录会话中定义的函数。函数会按照字母顺序打印所有的函数定义。这个定义列表可能会很长，需要使用文本阅读器 more 或 less 进行查看。如果只想看函数名，则可以使用 declare -f 命令。

(3) 函数的自动加载

如果希望在每次启动系统时自动加载函数，只需要将函数写入启动文件中，例如 $HOME/.profile。这样，在每次启动时，执行 source$HOME/.profile 都会自动加载函数。

1. Shell 函数定义

若要定义一个函数，可以使用以下两种形式。

```
function function_name ()       # 这种情况下，空圆括号并不是必需的
{
    Shell    commands
}
```

或者

```
function_name ()
{
    Shell commands
}
```

以上两种形式没有功能上的区别。与删除变量类似，函数定义也可以通过 unset -f funcname 命令进行删除。其中，-f 参数用于提示 unset 命令删除的是函数。

接下来，我们将通过一个示例来展示函数的使用。

```
[root@linux ~]# vim user-login.sh
#! /bin/bash
# 查看用户是否登录
# 语法：user-login loginname

function user-login()
{
if   who | grep $1 > /dev/null
then
   echo "user $1 is on ."
else
   echo "user $1 is off."
fi
}
```

以上 Shell 脚本用于检查作为参数传入的用户名是否登录在本地机器上。以下是脚本的执行效果。

```
[root@linux ~]# bash user-login.sh
[root@linux ~]# user-login tw
user tw is on .
[root@linux ~]# user-login user01
user user01 is off.
```

首先，通过 bash 命令将函数从文件中读入，此时函数就如同命令一样变得可调用。随后，分别将 tw 和 user01 作为参数传入函数体，判断用户是否在线。

2. 函数的参数和返回值

由于函数是在当前 Shell 环境中执行的，因此函数内部的变量与 Shell 环境中的变量是共享的。在函数内部对变量所做的任何改动，都会影响 Shell 环境。

1) 参数

用户可以像使用命令一样，向函数传递位置参数。位置参数是函数私有的，对位置参数的任何操作并不会影响函数外部使用的任何参数。

2) 局部变量限定词 local

当使用 local 时，定义的变量为函数的内部变量。内部变量在函数退出时消失，不会影响到外部同名的变量。

3) 返回方式 return

return 命令用于从函数体内返回到函数被调用的位置。如果没有指定 return 的参数，则函数返回最后一条命令的退出状态。return 命令同样也可以返回传给它的参数。根据规定，return 命令只能返回 0~255 之间的整数。如果在函数体内使用 exit 命令，则退出整个脚本。

以下示例展示了函数的返回值。

```
[root@twlinux ~]#vim add.sh
#! /bin/bash
# 数字相加
add()
{
let "sum=$1+$2"
return $sum
}
[root@twlinux ~]# bash add.sh
[root@twlinux ~]# add 23 90
[root@twlinux ~]# echo $?
113
```

以上示例演示了如何通过函数实现数字相加的功能。

➢ 在函数内部，参数$1和$2分别对应传递给函数的两个位置参数。通过这种方式，函数能够获取外部传递的值并进行计算。

➢ 使用return命令返回两个位置参数的和。

➢ bash读取包含函数定义的脚本文件add.sh。

➢ 特殊变量$?保存了上一条命令的返回值。因此，在执行 add 23 90 后，可以通过echo$? 获取函数的返回结果。

3. 函数的调用

在 Linux Shell 脚本中，可以同时定义多个函数，并且函数之间允许相互调用，甚至一个函数可以调用多个其他函数。下面我们将详细介绍这一功能。

1) 放置多个函数

可以在一个脚本中放置多个函数，脚本执行时会按照调用函数的顺序执行这些函数。以下示例展示了如何在脚本中放置多个函数(新建脚本 test1.sh)。

```
[root@linux ~]#vim test1.sh
#!/bin/bash
# 该函数在一行中显示周一到周日
show_week()
{
    for day in Monday Tuesday Wednesday Thursday Friday Saturday Sunday
    do
     echo -n "$day"
    done

}
# 该函数在一行中显示 1～7
 show_number()
{
    for ((integer = 1;integer< = 7;integer++))
    do
    echo -n "$integer"
    done
}
# 该函数用于显示 1～7 的平方
show_square()
{
i=0
until [["$i" -gt 7]] # 通过 until 实现 1～7 的平方运算和结果输出
do
let "square =i*i"
```

```
echo "$i*$i =$square"
let "i++"
done
}
# 顺序执行函数
show_week()
show_number()
show_square()
```

在脚本 test1.sh 中定义了三个函数，其中函数 show_week 显示周一至周日对应的英文名称；函数 show_number 在一行内输出数字 1~7；函数 show_square 则输出 0~7 的平方值。脚本 test1.sh 按照先后顺序分别调用 show_week、show_number 和 show_square 这三个函数，最终执行结果如下：

```
[root@linux ~]# bash test1.sh
Monday Tuesday Wednesday Thursday Friday Saturday Sunday
1 2 3 4 5 6 7
0*0=0
1*1=1
2*2=4
3*3=9
4*4=16
5*5=25
6*6=36
7*7=49
```

在脚本 test1.sh 中，函数的调用顺序如下：首先调用 show_week 函数，接着调用 show_number 函数，最后调用 show_square 函数。从执行结果可以看出，函数的执行顺序和调用的顺序是一致的。用户可以尝试调整这三个函数的调用顺序，观察执行结果是否发生变化。

2) 函数相互调用

在 Linux shell 编程中，函数之间可以相互调用。当一个函数调用另一个函数时会停止当前运行的函数，转而去运行被调用的函数。待被调用的函数运行完成后，再返回当前函数继续运行。以下示例展示了如何实现函数的相互调用(示例中将新建一个名为 test2.sh 的脚本)。

```
[root@linux tw]# vim    test2.sh
#!/bin/bash
# 函数执行显示输入参数的平方
square()
{
echo "please input the num:"
read num1
```

```
let "squ=num1*num1"
echo "square of $num1 is $squ."
}
# 函数执行显示输入参数的立方
cube ()
{
echo "please input the num:"
read num2
let "c=num2*num2* num2"
echo "cube of $num2 is $c."
}
# 函数执行显示输入参数的幂次方
power()
{
echo "please input the num:"
read num3
echo "please input the power:"
read p
let "temp = 1"
for ((i = 1;i <=$p;i++))
do let "temp=temp*num3"
done
echo "power $p of $num3 is $temp."
}
# 选择调用的函数
choice()
{
echo "pleas input the choice of operate (s for square;c for cube and p for power):"
read char
# 判断输入的参数是哪个，然后根据输入的不同执行不同的函数
case $char in
s)
   square;;        # 执行平方函数
c)
   cube;;          # 执行立方函数
p)
   power;;         # 执行幂运算
*)
   echo "what you input is wrong!"
esac
}
# 调用函数 choice
choice
```

在脚本 test2.sh 中，定义了 4 个函数，其中 square 函数用于计算平方，cube 函数用于计算立方，power 函数用于计算幂次方，而 choice 函数则通过 case 语句根据用户输入的参数选择调用上述三个函数中的一个，从而执行不同的操作。

以下是脚本的执行示例及其结果。

```
[root@linux tw]# bash test2.sh
pleas input the choice of operate (s for square;c for cube and p for power):
c
please input the num:
5
cube of 5 is 125.
[root@linux tw]# bash test2.sh
pleas input the choice of operate (s for square;c for cube and p for power):
p
please input the num:
2
please input the power:
4
power 4 of 2 is 16.
```

在执行脚本 test2.sh 时，用户首先选择计算数字 5 的立方，得出结果为 125。随后，用户再次执行脚本，计算数字 2 的 4 次幂，计算结果为 16。

4. 局部变量和全局变量

在 Linux Shell 编程中，可以通过 local 关键字在 Shell 函数中声明局部变量，局部变量将局限在函数范围内。此外，函数也可以调用函数外的全局变量。如果一个局部变量和一个全局变量的名称相同，则在函数内局部变量将会覆盖全局变量。以下示例详细解释了局部变量和全局变量的用法(新建脚本 test3.sh)。

```
[root@linux tw]# vim test3.sh
#!/bin/bash
text ="global variable"
# 函数中使用的局部变量和全局变量的名字相同
use_local_var_fun()
{
local text ="local varibale"
echo "in function usr_local_var_fun"
echo $text
}
# 输出函数 use_local_var_fun 内的局部变量值
echo"execute the function use_local_var_fun"
use_local_var_fun
# 输出函数 use_local_var_fun 外的全局变量值
echo "out of function use_local_var_fun"
echo $text
exit 0
```

在脚本 test3.sh 中，首先在函数外部定义了一个全局变量 text。随后，在函数

use_local_var_fun 内定义了一个与全局变量 text 同名的局部变量。在执行脚本时，首先调用了函数 use_local_var_fun。执行结果显示，在函数内显示的是局部变量的值，这表明局部变量覆盖了全局变量。在函数执行完成后，在脚本中显示的是全局变量的值(说明局部变量只是在函数内部有效)。以下是脚本执行结果。

```
[root@linux tw]# bash test3.sh
execute the function use_local_var_fun
in function use_local_var_fun
local variable
out of function use_local_var_fun
global variable
```

5. 函数递归

在 Linux Shell 中，函数可以实现递归调用，即函数可以直接或间接调用其自身。在递归调用中，主调函数又是被调函数。执行递归函数将反复调用其自身，每调用一次就进入新的一层。以下示例定义了一个递归函数(新建脚本 test4.sh)。

```
[root@linux tw]# vim test4.sh
#!/bin/bash
# 递归调用函数
foo()
{
read y
foo $y
echo "$y"
}
# 调用函数
foo
exit 0
```

以上函数是一个递归函数，但是运行该函数将无休止地调用其自身(这显然是一个问题)。为了防止递归调用无休止地进行，必须在函数内部设定终止递归的条件。常用的办法是加条件判断，当满足某种条件时不再进行递归调用，然后逐层返回。下面将详细介绍使用局部变量的递归和不使用局部变量的递归。

1) 使用局部变量的递归

使用局部变量进行递归通常用于数值运算。下面的示例是一个使用局部变量进行递归调用的阶乘运算，实现 $n!$ 的运算，这可以通过以下公式表示：

$n!=1$ $(n=0)$

$n!=n*(n-1)!$ $(n>=1)$

根据该公式可以实现阶乘计算。由于在阶乘运算中存在终止条件"0!=1"，因此可以使用函数递归来实现该运算(新建脚本 test5.sh)。

```
[root@linux tw]# vim test5.sh
#!/bin/bash
# 使用递归函数实现阶乘运算
fact ()
{
  local num=$1

  if [ "$num" -eq 0 ]
  then
    factorial=1
  else
    let "decnum = num-1"
    # 函数递归调用
    fact  $decnum
    let "factorial = $num * $?"
  fi
  return  $factorial
}
# 脚本调用递归函数
fact $1
echo "factorial of $1 is $?"
exit 0
```

在脚本 test5.sh 中，递归函数 fact 通过 if/else 判断条件实现递归，其中 if 和 else 之间的语句用于判断是否达到递归终止条件，而 else 与 fi 之间的语句则实现使用局部变量的递归。在脚本 test5.sh 执行的过程中，首先通过 fact $1 调用含参数的函数以实现递归。递归执行完成后，通过 echo 语句返回执行结果。脚本 test5.sh 的执行结果如下。

```
[root@linux tw]# bash test5.sh 5
factorial of 5 is 120
```

为了观察递归调用的工作过程，需要跟踪下列语句的执行。

```
num=3
```

以下是递归的执行过程。

num=3：发现 num 的值不等于 0，所以调用函数 fact3。

num=2：发现 num 的值不等于 0，所以调用函数 fact2。

num=1：发现 num 的值不等于 0，所以调用函数 fact1。

num=0：此时 num 等于 0，所以返回调用 fact0，返回 factorial 的值为 1。

num=1：返回 factorial 的值为 1*1=1。

num=2：返回 factorial 的值为 1*2=2。

num=3：返回 factorial 的值为 2*3=6。

最终，当递归传递到 num=0 时，fact 函数开始逐层返回先前的调用，直到最初的 num=3 调用为止，并返回最终结果 6。

2) 不使用局部变量的递归

使用局部变量的递归一般可通过递推法实现。例如，上述阶乘问题可通过 1 乘以 2，再乘以 3，直到乘以 n 的方式得到最终结果。然而，有些问题只能通过递归来解决，这类问题一般涉及不使用局部变量的递归，其中最著名的是汉诺塔问题。下面将通过 Shell 脚本来实现针对该问题的编程。

汉诺塔问题描述如下：在一块板上有三根针 A、B 和 C，A 针上叠放着 n 个大小不等的圆盘，较大的圆盘在下，较小的圆盘在上，如图 8-1 所示。目标是将这 n 个圆盘从 A 针移动到 C 针，每次只能移动一个圆盘，且在移动过程中可以借助 B 针。需要注意的是，任何针上的圆盘都必须保持大盘在下，小盘在上。我们需要求出移动的步骤。

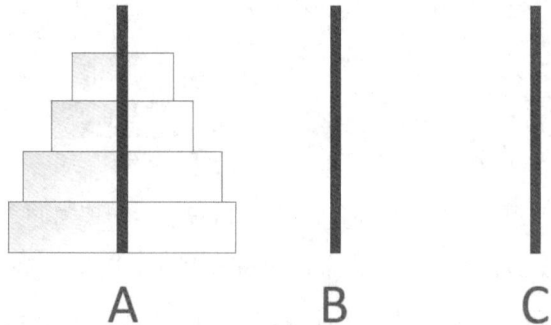

图 8-1

设 A 针上有 n 个圆盘，该问题可分解为以下几种情况来解决。

(1) 如果 n=1，直接将圆盘从 A 移动到 C。

(2) 如果 n=2，则：

① 将 A 上的 n-1(等于 1)个圆盘移到 B。

② 将 A 上的一个圆盘移到 C。

③ 将 B 上的 n-1(等于 1)个圆盘移到 C 上。

(3) 如果 n=3，则：

① 将 A 上的 n-1(等于 2，令其为 n')个圆盘移到 B(借助 C)，步骤如下。

第一步：将 A 上的 n'-1(等于 1)个圆盘移到 C。

第二步：将 A 上的一个圆盘移到 B。

第三步：将 C 上的 n'-1(等于 1)个圆盘移到 B。

② 将 A 上的一个圆盘移到 C。

③ 将 B 上的 $n-1$(等于 2，令其为 n')个圆盘移到 C(借助 A)。

到此，完成了三个圆盘的移动过程。

通过上面的分析可以看出，当 $n>=2$ 时，移动的过程可分解为以下三个步骤。

第一步：把 A 上的 $n-1$ 个圆盘移到 B。

第二步：把 A 上的一个圆盘移到 C。

第三步：把 B 上的 $n-1$ 个圆盘移到 C。

其中，第一步和第三步是类同的。

当 $n=3$ 时，第一步和第三步又可以进一步分解为三步，即将 $n'-1$ 个圆盘从一个针移到另一个针上，这里的 $n'=n-1$。显然，这是一个递归过程，因此可以通过 Linux Shell 编程实现(新建脚本 test6.sh)。

```
#!/bin/bash
# 初始化移动次数
move=0
hannuo()
{
   if [ $1 -eq 0 ]        # 输入圆盘的个数
   then
      echo -n ""          # 将不会有输出
   else
      hannuo "$(($1-1))" $2 $4 $3    # 将 A 上的 n-1 个圆盘移到 B 上
      echo "move $2 ---->$3"
      let "move=move+1"              # 将 A 上的一个圆盘移到 C 上
      hannuo "$(($1-1))" $4 $3   $2  # 将 B 上的 n-1 个圆盘移到 C 上
   fi
   if [ $# -eq 1 ]                   # 递归函数出口
   then
      if [ $(( $1 > 1 )) -eq   1 ]   # 至少要有一个圆盘
      then
         hannuo $1 A C B
         echo   "total move = $move"
      else
           echo "The number of disk which you input is illegal!"
      fi
   fi
}
# 脚本调用函数
echo   "Please input the num of disk:"
read num
hannuo $num 'A'   'B'   'C'
```

从脚本的执行情况可以看出，hannuo 函数是一个递归函数，具有 4 个参数：$num、A、

B、C。$num 由脚本执行者指定，表示圆盘的数量；A、B、C 分别表示三根针。hannuo 函数的功能是将 A 上的$num 个圆盘移到 C 上。当$num==1 时，直接将 A 上的圆盘移到 C 上，输出 A->B。若$num!=1，则分为 3 个步骤：①递归调用 hannuo 函数，把$num-1 个圆盘从 A 移到 B；②输出 A->B；③递归调用 hannuo 函数，将$num-1 个圆盘从 B 移到 C。在递归调用的过程中，$num=$num-1，故 n 的值逐次递减。最后$num=1 时，递归终止，逐层返回。以下为脚本 test6.sh 的执行结果。

```
[root@linux tw]# bash test6.sh
Please input the num of disk:
4
move A ---->C
move A ---->B
move C ---->B
move A ---->C
move B ---->A
move B ---->C
move A ---->C
move A ---->B
move C ---->B
move C ---->A
move B ---->A
move C ---->B
move A ---->C
move A ---->B
move C ---->B
```

通过以上脚本的执行可以看出，对于一组圆盘，当数量较少时，只需移动很少的次数即可达到目标；但随着圆盘数量的增加，移动次数将成倍增加，同时移动策略将变得越来越复杂。递归的本质在于将较复杂的问题的求解转化为一个相对简单的问题求解。例如，在上述分析中，为了解决 hannuo(n,A,B,C)，我们推导出需要计算 hannuo(n-1,A,B,C)。

8.1.3 任务实现

经过对 Shell 函数的详细学习后，我们将实现一个小任务，以检查对 Shell 函数参数、返回值和函数调用的掌握情况。下面是一个文件搜索功能的实现步骤。

(1) 创建一个新的 Shell 脚本文件，如 file_search.sh。

(2) 在 file_search.sh 中，编写以下代码。

```
#!/bin/bash
# 定义一个函数，用于搜索文件
search_file() {
```

```
        local search_dir=$1            # 搜索目录
        local search_term=$2           # 搜索关键词
        local search_result=$(find "$search_dir" -type f -name "*$search_term*" | sort)  # 使用 find 命令搜
索文件，并按照文件名排序
        echo "$search_result"          # 输出搜索结果
    }
    # 调用 search_file 函数，并传递参数
    search_dir="/path/to/search"       # 搜索目录路径
    search_term="keyword"              # 搜索关键词
    search_result=$(search_file "$search_dir" "$search_term")  # 调用 search_file 函数，并将结果存储在
变量 search_result 中
    # 输出搜索结果
    echo "Search results:"
    echo "$search_result"
```

（3）在终端中，使用以下命令为 file_search.sh 添加执行权限。

```
[root@linux ~]# chmod +x file_search.sh
```

（4）运行脚本文件。

```
[root@linux ~]# bash file_search.sh   /usr/local   jdk
jdk
```

任务 8.2　学习正则表达式

8.2.1　任务描述

　　学习正则表达式，并实现一个小任务。背景：在企业的日常运维过程中，分析和处理系统日志是至关重要的，而正则表达式是一个非常有用的工具。假设企业拥有一个邮件服务器，每天需要处理大量的邮件交互。为了监测邮件系统的性能、安全性和稳定性，运维团队需要定期分析和检查邮件服务器的日志。

8.2.2　知识学习

　　在前面的单元中，我们已经介绍了 Shell 语言的基本元素，如流程控制、变量、判断等。相信通过对这些内容的学习，用户已经对 Shell 作为一门脚本语言有了宏观的理解。本节将进一步深入探讨 Shell 脚本中的一些高级特性，首先从正则表达式开始。

　　正则表达式被多种语言支持，并且广泛应用。我们常常需要查询符合某些复杂规则的字符串，而这些规则正是由正则表达式所描述的。

1. 什么是正则表达式

在编写处理字符串的程序或网页时，经常需要查找符合某些复杂规则的字符串。正则表达式就是用于描述这些规则的工具。简单来说，正则表达式是一种用于定义文本规则的代码。

用户可能使用过 Windows 系统下的通配符(如*或？)。例如，如果用户想查找某个目录下的所有 Word 文档，可能会使用*.doc 来进行搜索。这个例子中，*被解释成任意字符串。与通配符类似，正则表达式也是用来进行文本匹配的工具。与通配符相比，正则表达式能够精确描述用户的需求。当然，这也意味着正则表达式的语法更复杂。例如，用户可以编写一个正则表达式，用于查找所有以 0 开头，后面跟着 2~3 个数字，然后是一个连字符"-"，最后是 7 或者 8 位数字的字符串(如 010-12345678 或 0312-7654321)。

1) 正则表达式的应用

正则表达式在 Linux 或 Unix 系统中得到广泛应用，增强了各种工具的功能。常见支持正则表达式的 Unix 工具如下。

➤ 用于匹配文本行的 grep 工具族。

➤ 用于改变输入流的 sed 流编辑器(Stream Editor)。

➤ 用于处理字符串的语言，如 awk、Python、Perl、Tel 等。

➤ 文件查看程序或分页程序，如 more、page、less 等。

➤ 文本编辑器，如 ed、vi、emacs、vim 等。

由于正则表达式被广泛支持和应用，因此我们应尽早掌握它们。不要被接下来复杂的表达式吓到，按照步骤学习，就会发现正则表达式其实并不难。

处理字符串的方法有很多，例如可以使用 cut 和 join 等字符串工具，但这些工具仅适用于最简单的情况。如果要解决的问题利用字符串函数能够完成，那么应该优先使用它们，因为这些方法通常更快速、简单且容易阅读，编写出快速、简单且可读性强的代码有诸多好处。但是，如果用户发现使用了许多不同的字符串函数和 if 语句来处理一个特殊情况，或者在组合使用 cut、join 等函数时导致代码变得奇怪甚至难以理解，那么正则表达式可能是此时需要的解决方案。

2) 如何学习正则表达式

学习正则表达式的最好方法是从实例入手，在理解实例之后，再对其进行修改和实验。下面是一些简单的例子。

假设要在一篇英文小说中查找"hi"，可以使用正则表达式 hi。

这几乎是最简单的正则表达式，它可以精确匹配主要的字符串：由两个字符组成，前一个字符是 h，后一个字符是 i。通常处理正则表达式的工具会提供一个忽略大小写的选项。如果选中这个选项，可以匹配 hi、HI、Hi、hI 这几种情况中的任意一种。

然而，不幸的是，许多单词中包含 hi 这两个连续的字符，比如 him、history、high 等。如果用 hi 来查找，这些单词中的 hi 也会被找到。如果要精准地查找 hi 这个单词，应该使用\bhi\b。

在正则表达式中，\b 是一个特殊代码(也称为元字符)，代表这个单词的开头或结尾，即单词的边界。虽然通常英文单词由空格、标点符号或换行分隔，但\b 并不匹配这些单词分隔字符中的任何一个，它仅匹配一个位置。

注意：如果要更精确的描述，\b 匹配的位置是：前一个字符和后一个字符并不全是字母(即一个是字母，另一个不是字母或不存在)。

如果用户想查找 hi 后面不远处跟着 Lucy 的文本，应该使用正则表达式\bhi\b.*Lucy\b。

如何理解呢？这里的"."是另外一个元字符，匹配处理换行符以外的任意字符。而"*"同样是一个元字符，不过它代表的不是字符或位置，而是数量：它指定"*"前面的内容可以连续重复使用任意次，以使整个表达式得到匹配。因此，".*"连在一起就意味着任意数量的不包含换行的字符。综合起来，\bhi\b.*Lucy\b 的意思就是：匹配一个完整的单词 hi，然后是任意个字符(但不能是换行符)，最后是 Lucy 这个单词。

换行符就是"\n"，ASCII 编码为 10(十六进制为 0x0A)的字符。

如果提示使用其他元字符，就能构造出功能更强大的正则表达式。例如：

```
0\d\d-\d\d\d\d\d\d\d\d
```

这个表达式匹配以 0 开头，后跟 2 个数字，然后是一个连字符"-"，最后是 8 个数字的字符串(例如电话号码)。

在这个表达式中，\d 是个新的元字符，匹配一位数字(0、1、2、…、9)。"-"不是元字符，只匹配它本身(连字符、减号或中横线)。

为了避免重复，也可以将这个表达式简化为 0\d{2}-\d{8}，其中\d 后面的{2}和{8}表示前面\d 必须连续重复匹配 2 次或 8 次。

3) 如何实践正则表达式

编写正则表达式的过程和玩游戏一样，常常需要保存和加载，不断修改和测试。在命令行中，可以使用 grep 来测试正则表达式。

grep 是一个用于查找(匹配)文本的程序，例如：

```
[root@linux ~]# cat /etc/passwd
root:x:0:0:root:/root:/bin/bash
bin:x:1:1:bin:/bin:/sbin/nologin
daemon:x:2:2:daemon:/sbin:/sbin/nologin
adm:x:3:4:adm:/var/adm:/sbin/nologin
```

```
lp:x:4:7:lp:/var/spool/lpd:/sbin/nologin
sync:x:5:0:sync:/sbin:/bin/sync
shutdown:x:6:0:shutdown:/sbin:/sbin/shutdown
halt:x:7:0:halt:/sbin:/sbin/halt
mail:x:8:12:mail:/var/spool/mail:/sbin/nologin
operator:x:11:0:operator:/root:/sbin/nologin
games:x:12:100:games:/usr/games:/sbin/nologin
ftp:x:14:50:FTP User:/var/ftp:/sbin/nologin
nobody:x:99:99:Nobody:/:/sbin/nologin
dbus:x:81:81:System message bus:/:/sbin/nologin
polkitd:x:999:998:User for polkitd:/:/sbin/nologin
unbound:x:998:997:Unbound DNS resolver:/etc/unbound:/sbin/nologin
colord:x:997:996:User for colord:/var/lib/colord:/sbin/nologin
usbmuxd:x:113:113:usbmuxd user:/:/sbin/nologin
avahi:x:70:70:Avahi mDNS/DNS-SD Stack:/var/run/avahi-daemon:/sbin/nologin
avahi-autoipd:x:170:170:Avahi IPv4LL Stack:/var/lib/avahi-autoipd:/sbin/nologin
libstoragemgmt:x:996:994:daemon account for libstoragemgmt:/var/run/lsm:/sbin/nologin
saslauth:x:995:76:"Saslauthd user":/run/saslauthd:/sbin/nologin
qemu:x:107:107:qemu user:/:/sbin/nologin
rpc:x:32:32:Rpcbind Daemon:/var/lib/rpcbind:/sbin/nologin
rpcuser:x:29:29:RPC Service User:/var/lib/nfs:/sbin/nologin
nfsnobody:x:65534:65534:Anonymous NFS User:/var/lib/nfs:/sbin/nologin
rtkit:x:172:172:RealtimeKit:/proc:/sbin/nologin
radvd:x:75:75:radvd user:/:/sbin/nologin
ntp:x:38:38::/etc/ntp:/sbin/nologin
chrony:x:994:993::/var/lib/chrony:/sbin/nologin
abrt:x:173:173::/etc/abrt:/sbin/nologin
pulse:x:171:171:PulseAudio System Daemon:/var/run/pulse:/sbin/nologin
gdm:x:42:42::/var/lib/gdm:/sbin/nologin
gnome-initial-setup:x:993:991::/run/gnome-initial-setup/:/sbin/nologin
postfix:x:89:89::/var/spool/postfix:/sbin/nologin
sshd:x:74:74:Privilege-separated SSH:/var/empty/sshd:/sbin/nologin
tcpdump:x:72:72::/:/sbin/nologin
tw:x:1000:1000:tw:/home/tw:/bin/bash
user1:x:1001:1004::/home/user1:/bin/bash
linuxdemo1:x:1002:1005::/home/lin
```

使用 grep 查询匹配 user1 用户信息，示例如下：

```
[root@linux ~]# cat /etc/passwd |grep user1     # 查看是否存在 user1 用户
user1:x:1001:1004::/home/user1:/bin/bash
```

在以上示例中，我们直接检索固定字符串 user1。实际上，可以将该字符串替换为任何 grep 支持的正则表达式进行检索。当正则表达式匹配某一行中的字符串时，该行将被打印出来。

通常情况下，正则表达式不可能一次写正确。因此，我们需要不断修改正则表达式，逐步接近正确的写法，直到恰好达到我们想要的效果。

2. 正则基础

在这一节中，我们会讲解正则表达式的构成与编写正则表达式的方法，以及基本正则表达式(BRE)和扩展正则表达式(ERE)之间的异同。

1) 元字符

前面章节提到，正则表达式是描述某种匹配规则的工具。从最基本的角度来看，正则表达式中有两种基本字符：特殊字符(meta character，元字符)和一般字符。一般字符指没有任何特殊意义的字符，而元字符则赋予了其匹配某些含义。在单元的其余部分，我们使用 meta 字符来表示元字符。

接下来，将介绍一些常见的 meta 字符。表 8-1 展示了 BRE 和 ERE 都支持的 meta 字符。表 8-2 展示了 BRE 和 ERE 所支持的不同 meta 字符。

表 8-1

字符	BRE/ERE	模式含义
^	BRE/ERE	锚定行或字符串的开始，例如，^grep 匹配所有以 grep 开头的行。BRE：仅在正则表达式结尾处具有特殊含义；ERE：在正则表达式任何位置均具有特殊含义
$	BRE/ERE	锚定行或字符串的结束。例如，grep$匹配所有以 grep 结尾的行。BRE：仅在正则表达式结尾处具有特殊含义；ERE：在正则表达式任何地方都有特殊含义
.	BRE/ERE	匹配一个非换行符的字符，例如，gr.p 匹配 gr 后接一个任意字符，然后是 p
*	BRE/ERE	匹配零个或者多个先前字符。例如，*grep 匹配所有一个或多个空格后紧跟 grep 的行。与.*一起用代表任意字符
[···]	BRE/ERE	方括号表达式，用于匹配方括号内任意一个字符。例如，[Gg]rep 匹配 Grep 和 grep。其中，连字符(-)表示连续字符的范围，如[0-9]匹配所有单个数字。如果^符号位于方括号的开头，则具有相反的含义(不匹配方括号中的任意字符)。例如，[^A-FH-Z]rep 匹配不包含 A~R 和 T~Z 的一个字母开头，且紧跟 rep 的行
\	BRE/ERE	用于打开或关闭后续字符的特殊含义。例如，\(\)

表 8-2

字符	BRE/ERE	模式含义
\(\)	BRE	标记匹配字符，这个元字符将\(和\)之间的模式存储在保留空间中，在后续的正则表达式中可以通过转义序列引用这些匹配的模式。例如 \(grepl\).*\1 匹配两个 grep 中间带有任意数目的字符，第二个 grep 使用\1 来引用。最多可以保存 9 个独立的模式，即从\1 到\9

（续表）

字符	BRE/ERE	模式含义
\n	BRE	重复在\(与\)内的第 n 个模式。n 为 1 到 9 的数字
x\{m,n\}	BRE	区间表达式，匹配 x 字符出现的次数区间。x\{n\}是指 x 出现 n 次；x\{m,\}是指 x 出现至少 m 次；x\{m,nl}指 x 至少出现 m 次，至多出现 n 次
X{m,n}	ERE	和上一条 BRE 一样，但花括号内没有反斜杠
+	ERE	匹配前面正则表达式的一个或多个实例
?	ERE	匹配前面正则表达式的零个或一个实例
|	ERE	匹配|前面或后面的正则表达式
()	ERR	匹配用括号括起来的正则表达式群

接下来，我们来看一些正则表达式的实例：

通过管道过滤 ls -l 输出的内容，只显示以 a 开头的行。

ls-1　　|　　grep'^a'

显示所有以 d 开头的文件中包含 test 的行。

grep 'test' d*

显示在 aa、bb、cc 文件中匹配 test 的行。

grep 'test'　　aa bb cc

显示所有包含至少有 5 个连续小写字符的字符串的行。

grep'[a-z]\{5\}' aa

如果 west 被匹配，es 就被存储到内存中，并标记为 1。接下来搜索任意字符(*)，这些字符后面紧跟着另外一个 es(\1)，找到就显示该行。如果用 eqrep 或 qrep-E，就不用()进行转义，直接写成 w(es)t.*\1 即可。

grep 'w\(es\)t.*\1' aa

2）单个字符

由浅入深，我们首先掌握单个字符的匹配方法，然后结合额外的 meta 字符进行多字符匹配。匹配单个字符的方式主要有 4 种：一般字符、转义的 meta 字符、点号(.)meta 字符以及方括号表达式。

（1）一般字符。一般字符指未列于表 8-1 中的字符。包括文字、数字、空白字符和标点符号。一般字符匹配的就是它们自身。例如，正则表达式 a 就匹配字符串"Lily is a girl"

中的字符 a；而正则表达式 china 就匹配单词 china，但不匹配单词 China。如果希望同时匹配这两个单词，可以使用方括号表达式。

(2) 转义的 meta 字符。表 8-1 中列出了一些 meta 字符，表示一些特殊情况下的含义。当 meta 字符无法表示自己，而我们需要这些字符时，可以使用转义符号：在字符前加上一个反斜杠"\"。例如，"\." 就表示一个点，而不是任意字符；"\[" 匹配左方括号；而 "\\" 表示反斜杠本身。如果将转义字符置于一般字符前，则转义字符会被忽略。

(3) 点号(.)字符。点号字符(.)表示"任一字符"。例如，正则表达式.hina 匹配 china，也匹配 China，同时也匹配 dhina。我们很少单独使用点号字符，通常与其他 meta 字符结合使用，以匹配多个字符。

(4) 方括号表达式。方括号表达式用于匹配不同的情况。例如，[cC]hina 只匹配 china 和 China，而不会有其他匹配结果。这是最简单的方括号表达式的用法，即直接将字符列表置于方括号中。

如果将^符号置于方括号的开头(如[^abc])，则表示取反的意思。即匹配不在方括号中出现的任意字符。例如，正则表达式[^abd]hina 匹配除了小写字母 a、b 和 d 以外的任意字母，后面跟随 hina。这也包括所有大写字母、数字、标点符号等，例如 Ahina。

如果要将所有的备选字母逐一列在方括号中，可能会非常繁琐。例如，用户可能写出[abcdefghijklmnopqrstuvwxyz]或[0123456789]。实际上，可以更简洁地使用[a-z]和[0-9]。此外，这些形式的表达方法可以连用，例如[a-zA-Z0-9]。

注意：

在方括号表达式中其他 meta 字符会失去其特殊含义。例如[.]匹配反斜杠和点号，而不是匹配句点。在 BRE 和 ERE 中，单个字符的表示方法是相同的。

3) 单个表达式匹配多个字符

在基本正则表达式中，表示多个字符的最简单方法是将多个字符连接在一起。例如，china 由五个字母组成，正则表达式 china 可以匹配该字符串。而表达式[[:blank:me[:blank:11 则能匹配 me 这个单词，但如果组合 meet 和 callme 则无法匹配，因为 me 前后有空白匹配。这种表达多个字符的方法局限很多，对于灵活的情况就显得力不从心。

此外，点号字符和方括号表达式提供了灵活匹配单个字符的能力。然而，Shell 正则表达式的真正魅力在于修饰符 meta 的应用。这类字符通常跟在正则表达式之后，赋予其更强大的匹配能力。

最常用的就是星号(*)字符。我们通过以下例子来理解其用法。

示例：星号 meta 字符的应用。

正则表达式 ab*c 匹配如下字符串：ac、abc、abbc、abbbc……可以看出，星号 meta 字符匹配零个或多个星号前面的单个字符。需要注意的是，匹配零个或多个并不是任意字母，例如，ab*c 不匹配 adc。要匹配任意字母，可以参考下面的例子。

正则表达式 a.*c 表示在字母 a 和 c 中可以匹配任意字符串，无论字符串长度是否为零，或者任意长度。例如，它可以匹配 ac、abc、adc、abbc、acccc 等。

正则表达式 a.c 的含义是在字母 a 和 c 之间夹着任意一个字母，且只能是一个字符，不能多也不能少。例如，acc、abc、aaca!c 等都是有效的匹配。

虽然星号 meta 字符很好用，但是无法满足某些特定的需求，例如需要中间恰好有三个字符，而不是四个或更多。在这种情况下，可以使用一个复杂的方括号表达式，或使用区间表达式。区间表达式通过将一个或两个数字置于\{和\}之间来实现。

示例：区间表达式的应用。

正则表达式 ab\{3\}c 表示字母 a 和 c 字母之间的 b 字母重现 3 次，即，ab\{3\}c 正则表达式匹配字府串 abbbc。

正则表达式 ab\{3,\}c 表示字母 a 和 c 字母之间的 b 字母重现至少 3 次，即，ab\{3\}c 正则表达式匹配字府串 abbbc、abbbbc、abbbbbc 等。

正则表达式 ab\{3,5\}c a 表示字母 a 和 c 字母之间的 b 字母重现 3 次到 5 次，即，ab\(3\}c 正则表达式匹配字符串 abbbc、abbbbc、abbbbbc。

区间表达式的应用使得如"重现 5 个 a"或者"重现 7 到 10 个 b"这样的需求变得简单。例如：

```
a\{5\},b\{7,10\}
```

ERE 在匹配多个字符方面和 BRE 类似，但 ERE 支持更多的表达式。星号表达式和 BRE 中的几乎一样，而 ERE 中的区间表达式则不需要转义字符(反斜杠)。因此，在 BRE 中的"重现 5 个 a"或者"重现 7 到 10 个 b"这样的需求，在 ERE 中可以简化为：a{5}和 b{7,10}。ERE 中的\{和\}用于表达花括号本身。

除了上面提到的 ERE 中的字符外，ERE 还有两个 meta 字符可以用于匹配多个字符。

➢ ?：匹配零个或一个前置正则表达式。

➢ +：匹配 1 个或多个前置正则表达式。

让我们来看具体的实例。

示例：ERE 中匹配多个字符。

正则表达式 ab?c 只四配两种字符串：ac 和 abce。
正则表达式 ab+c 匹配 abc、abbc、abbbc 等，但不匹配 ac。

这里，+字符的概念和*相似。但+字符要求前置正则表达式至少出现一次。

4) 文本匹配锚点

还有两个有趣的 meta 字符，它们是锚点字符(^和$)，用于匹配字符串的开头和结尾。以字符串 abcxxxABCabcxxxefg 为例，来看以下示例。

示例：锚点实例。

> ^abc 匹配字符串开头的三个字母 abc，例如在 abcxxxABCabcxxxefg 中。
> ^ABC 因为锚定了字符串开头，因此这个正则无法匹配。
> Abc 匹配字符串开头的三个字母 abc 和中间的字母 abc，即 abcxxxABCabcxxxefg。
> efg$匹配字符串结尾处的 efg。和开头一样，$符号锚定了字符串的结尾，即 abcxxxABCabcxxxefg 中的 efg。
> ^[[:alpha:]]\{3\}匹配字符串开头的头三个字符，即在 abcxxxABCabcxxxefg 中匹配成功。

如果将^和$一起使用，则两者之间的正则表达式就匹配了整个字符串或整行。有时，我们使用^$来匹配空的字符串或空行。

BRE 和 ERE 在锚点上有些许差异。在 BRE 中，锚点仅在正则表达式的开始和结尾处才是 meta 字符，而在正则表达式中间的锚点字符仅代表其本身；在 ERE 中，锚点字符永远是 meta 字符，正则表达式中间包含锚点字符仍是有意义的，只是无法匹配上任何字符串。例如，正则表达式 abc^defg 在 BRE 中匹配字符串"abc^defg"，而在 ERE 中，它永远也匹配不上任何内容。

5) 运算符优先级

由于 BRE 和 ERE 的 meta 字符集不同，我们将两种正则表达式的运算符优先级分开介绍。运算符优先级指在不同的 meta 字符同时出现时，高优先级的 meta 字符将优先处理。表 8-3 展示了 BRE 的运算优先级。

表 8-3

优先级	运算符	含义
1	[..][==][::]	方括号符号
2	\meta	转义的 meta 字符
3	[]	方括号表达式
4	\(\)\n	后向引用表达式
5	*\{\}	区间表达式和星号表达式
6	无符号	连续
7	^$	锚点

ERR 中的运算优先级如表 8-4 所示。

表 8-4

优先级	运算符	含义
1	[..][==][::]	方括号符号
2	\meta	转义的 meta 字符
3	[]	方括号表达式

优先级	运算符	含义
4	()	分组
5	*+?{}	重复前置的正则表达式
6	无符号	连续
7	^$	锚点
8	|	交替

我们注意到，在 ERE 的运算优先级中，多出了两种运算符：一种是分组运算符，另一种是交替运算符。

8.2.3　任务实现

当企业在日常运维过程中需要对系统日志进行分析和处理时，正则表达式是一个非常有用的工具。下面是一个基于正则表达式的实际应用案例(邮件日志分析)。

假设企业拥有一个邮件服务器，每天处理大量的邮件交互。为了监测邮件系统的性能、安全性和稳定性，运维团队需要定期分析和检查邮件服务器的日志。

以下是一个使用正则表达式进行邮件日志分析的示例。

(1) 过滤指定时间段内的日志。首先，通过正则表达式筛选出所需时间段内的邮件日志。例如，可以使用以下正则表达式匹配日期和时间格式。

```
^\d{4}-\d{2}-\d{2} \d{2}:\d{2}:\d{2}
```

这个正则表达式使用了"^"符号来匹配行的开头，并使用"\d"来匹配数字字符，其中"{4}"表示匹配连续出现 4 次的前一个元素，而"{2}"表示匹配连续出现 2 次的前一个元素。该正则表达式可以匹配类似"2023-08-15 10:30:25"这样的日期时间格式。

(2) 提取关键信息。根据需求，使用正则表达式从日志中提取出所需的关键信息。例如，可以使用以下正则表达式匹配发件人、收件人和主题。

```
Sender: (\S+)
Recipient: (\S+)
Subject: (.+)
```

这个正则表达式使用了括号来创建捕获组。"\S"表示匹配非空白字符，"+"表示匹配前一个元素一次或多次，"(.+)"表示匹配任意字符一次或多次。该正则表达式可以匹配类似"Sender: example@example.com""Recipient: user@example.com"和"Subject: Hello"这样的行，并提取出相应的发件人、收件人和主题信息。

(3) 统计数据。根据需要，使用正则表达式来统计不同类型的数据。例如，可以使用以下正则表达式匹配成功发送的邮件数量。

Status: Sent

这个正则表达式简单地匹配 "Status: Sent"这样的行，用于统计成功发送的邮件数量。

(4) 报警触发。根据特定的条件，使用正则表达式触发报警。例如，可以使用以下正则表达式匹配异常日志行，并触发报警通知运维团队。

WARNING|ERROR

这个正则表达式使用了 "|" 符号来表示逻辑或关系，可以匹配包含 "WARNING" 或 "ERROR"关键字的日志行。

通过使用正则表达式，运维团队可以根据需求进行灵活的邮件日志分析和处理。团队可以根据实际情况编写更复杂的正则表达式，以匹配不同的日志模式，并从中提取有用的信息。

需要注意的是，在实际应用中，正则表达式的编写和调试可能需要一定的经验和技巧。在开发过程中，建议先在正则表达式测试工具中逐步验证和调整正则表达式，确保其能够正确匹配目标文本。

素养园地

函数应用与责任意识

在 Linux Shell 编程中，函数是一种重要的编程元素，它可以将大型的命令集合分解为更小的、更易于管理的任务。这不仅提高了代码的可读性和可维护性，还有助于避免代码重复，从而提高编程效率。通过使用函数，编程人员可以更好地组织代码，使其更易于理解和修改，从而更好地应对复杂的需求和变化。

然而，我们也要认识到，任何编程实践都不仅仅是为了提高个人的技能水平，更是为了服务于社会和国家的整体发展。因此，作为未来的编程人员，我们不仅要掌握编程技能，更要增强对国家和社会的责任感。我们应该尊重他人的成果，积极与他人协作，共同推动社会的发展和进步。

具体到 Shell 编程中的函数，我们可以从函数的定义和基本知识点开始学习。在定义函数时，我们应该明确函数的名称、参数、返回值及其具体实现。通过学习，我们可以更好地理解函数的基本构成和作用，从而有效地应用它们来解决实际问题。

此外，我们还要注意函数间的相互调用和递归调用。函数间的相互调用可以帮助我们实现代码的模块化和复用性，而递归调用则可以解决一些具有递归性质的问题。在学习这些概念时，我们应该注重对问题的分析和解决方法的思考，从而提升逻辑思维和问题解决能力。

最后，我们还要探讨正则表达式在文本处理中的应用。正则表达式是一种强大的工具，可以帮助我们快速、准确地处理文本数据。然而，在应用正则表达式时，我们也应该注意信息的合法性和安全性。我们应该遵守法律法规，正确使用技术手段，保护个人和社会的合法权益。

总之，在学习 Linux Shell 编程的过程中，我们应该增强对国家和社会的责任感，尊重他人的成果，积极与他人协作。通过学习函数的基本知识点和应用实践，我们可以理解函数的作用和应用场景，从而更好地服务于社会和国家的整体发展。同时，我们也应注重信息的合法性和安全性，正确使用技术手段，为社会的稳定和进步做出自己的贡献。

单元小结

➤ 函数的定义与调用方法
➤ 函数参数的传递与读取
➤ 函数的返回值
➤ 局部变量与全局变量的区别
➤ 正则表达式的基础知识
➤ 正则表达式的应用

单元自测

■ 一、选择题

1. 函数的参数和返回值的传递形式是(　　)。

    A. 值传递 　　　　　　　　　　　B. 引用传递

    C. 指针传递 　　　　　　　　　　D. 都可以

2. 在函数内部定义的变量称为(　　)。

    A. 参数变量 　　　　　　　　　　B. 全局变量

    C. 局部变量 　　　　　　　　　　D. 静态变量

3. 函数递归是指( )。

    A. 函数在其外部调用另一个函数

    B. 函数在其自身内部调用自己

    C. 函数在调用后自动返回结果

    D. 函数只能被其他函数调用，不用调用自己

4. 下列选项中，( )可以在函数外部和函数内部访问。

    A. 局部变量   B. 全局变量

    C. 静态变量   D. 形参变量

5. 下列选项中，说法正确的是( )。

    A. 函数的返回值可以是任何数据类型   B. 函数的返回值只能是整数类型

    C. 函数的返回值只能是布尔类型   D. 函数不能有任何返回值

6. 在函数调用过程中，实参与形参之间的数据传递方式是( )。

    A. 引用传递   B. 值传递

    C. 指针传递   D. 都可以

7. 下列正则表达式中可以匹配一个或多个数字的是( )。

    A. \d   B. \D   C. \w   D. \W

8. 正则表达式中的元字符^和$分别用于( )。

    A. 匹配字符串的开头和结尾   B. 匹配一个或多个字符

    C. 匹配任意字符   D. 匹配数字 d

■ 二、问答题

1. 什么是局部变量和全局变量？它们在函数中的作用有何区别？

2. 简要解释正则表达式的概念和作用。

■ 三、上机题

编写一个 Shell 脚本，实现一个简单的用户名验证程序。要求用户输入一个用户名，程序判断该用户名是否符合以下要求。

(1) 用户名只能由字母、数字和下画线组成。

(2) 用户名长度必须在 3～10 个字符之间。

(3) 用户名必须以字母开头。

(4) 如果用户名符合要求，则输出"用户名有效"；否则输出"用户名无效"。

项目案例

课程目标

项目目标

完成真实企业环境部署

技能目标

❖ 了解企业真实业务环境

❖ 运用所学知识部署企业环境

素质目标

❖ 培养独立解决问题的能力

❖ 培养持续学习的习惯

简介

　　本书的学习已接近尾声，截至单元八，我们已经基本完成了全部内容。本单元以某企业需求为背景，讲解如何按照要求搭建 Linux 服务器。在完成实践任务的过程中，我们不仅要严格按要求操作，还应勇于尝试新的解决方案和思路。在这个过程中，可以组建团队合作完成项目，通过有效的沟通和协作，培养团队合作精神和相互尊重的意识。在实践任务中，要注重理论学习和实际操作相互结合，将所学的知识应用到实践中。同时，通过反思实践经验，进一步补充和深化理论知识，从而培养终身学习的习惯和独立思考的能力。

任务 9.1 案例描述

　　某企业需要搭建一台 Linux 服务器，用于承载其企业项目。请根据要求完成服务器的搭建和配置。

1. 企业项目对 Linux 服务器的要求

➢ 操作系统：CentOS 8。

➢ 内存：至少 8GB。

➢ 硬盘空间：至少 100GB。

2. 根据要求安装 Linux 并完成分区

要求安装 CentOS 8，并进行如下分区划分。

➢ 根分区(/)：至少 50GB。

➢ 交换分区(swap)：至少 8GB。

➢ /var 分区：至少 20GB。

3. 根据要求配置主机名、IP 地址、DNS 配置文件以及域名解析设置

➢ 设置服务器的主机名为 myserver。

➢ 设置 IP 地址为 192.168.0.10，子网掩码为 255.255.255.0，默认网关为 192.168.0.1。

➢ 配置 DNS 解析，将 www.example.com 解析到 192.168.0.10。

4. 权限设置

根据要求设置相关权限，包括登录用户的权限、连接用户的数量、是否允许远程登录以及远程登录的用户。

- ➤ 创建一个名为 admin 的用户，该用户具有 sudo 权限。
- ➤ 禁止 root 用户通过 SSH 远程登录。

5. 安装 Tomcat 和 MySQL，并实现 FTP 的搭建

- ➤ 安装最新版本的 Apache Tomcat。
- ➤ 安装最新版本的 MySQL 数据库。
- ➤ 搭建 FTP 服务器，允许用户通过 FTP 协议上传和下载文件。

6. 编写常用的 Shell 脚本

- ➤ 实时监控内存和硬盘空间的脚本。
- ➤ 查看网卡实时流量的脚本。
- ➤ 检查 MySQL 数据库连接数量的脚本。
- ➤ 备份 MySQL 数据库的脚本。
- ➤ Linux 系统发送告警通知的脚本。
- ➤ 编写自动屏蔽 Dos 攻击 IP 的脚本。

任务 9.2 案例实现

1. 安装 CentOS 8，并完成分区

- ➤ 下载 CentOS 8 ISO 镜像文件，并创建一个启动 U 盘。
- ➤ 在服务器上启动并安装 CentOS 8，根据需要进行分区划分。

2. 设置主机名和 IP 地址等信息

- ➤ 编辑/etc/hostname 文件，将主机名设置为 myserver。
- ➤ 编辑/etc/sysconfig/network-scripts/ifcfg-eth0 文件，设置网络配置。

```
TYPE=Ethernet
BOOTPROTO=static
NAME=eth0
DEVICE=eth0
ONBOOT=yes
```

```
IPADDR=192.168.0.10
NETMASK=255.255.255.0
GATEWAY=192.168.0.1
```

➢ 编辑/etc/resolv.conf 文件，添加 DNS 配置。

```
nameserver 8.8.8.8
nameserver 8.8.4.4
```

➢ 编辑/etc/hosts 文件，添加 DNS 解析配置。

```
192.168.0.10      myserver
192.168.0.10      www.example.com
```

3. 设置相关权限

➢ 创建用户 admin，并赋予 sudo 权限。

```
sudo adduser admin
sudo usermod -aG wheel admin
```

➢ 禁止 root 用户通过 SSH 远程登录：编辑/etc/ssh/sshd_config 文件，将 PermitRootLogin 设置为 no。

4. 安装 Tomcat、MySQL 和 FTP 服务器

➢ 安装 Tomcat。

```
sudo yum install tomcat
```

➢ 安装 MySQL。

```
sudo yum install mysql-server
```

➢ 搭建 FTP 服务器(以 vsftpd 为例)。

```
sudo yum install vsftpd
# 编辑 /etc/vsftpd/vsftpd.conf 文件，修改相关配置
sudo systemctl enable vsftpd
sudo systemctl start vsftpd
```

5. 编写常用的 Shell 脚本

➢ 编写实时监控内存和硬盘空间的脚本(monitor.sh)。

```
#!/bin/bash
while true; do
    echo "Memory Usage: $(free -m | awk 'NR==2{printf "%.2f%%", $3*100/$2 }')"
```

```
        echo "Disk Usage: $(df -h | awk '$NF=="/"{printf "%.2f%%", $5}')"
        sleep 5
done
```

> ➤ 编写查看网卡实时流量的脚本(network_traffic.sh)。

```
#!/bin/bash
interface="eth0"
while true; do
    RX_prev=$(cat "/sys/class/net/$interface/statistics/rx_bytes")
    TX_prev=$(cat "/sys/class/net/$interface/statistics/tx_bytes")
    sleep 1
    RX_cur=$(cat "/sys/class/net/$interface/statistics/rx_bytes")
    TX_cur=$(cat "/sys/class/net/$interface/statistics/tx_bytes")
    RX_speed=$(echo "scale=2; ($RX_cur - $RX_prev) / 1024 / 1024" | bc)
    TX_speed=$(echo "scale=2; ($TX_cur - $TX_prev) / 1024 / 1024" | bc)
    echo "RX: ${RX_speed}MB/s, TX: ${TX_speed}MB/s"
done
```

> ➤ 编写检查 MySQL 数据库连接数量的脚本(check_mysql_connections.sh)。

```
#!/bin/bash

con_count=$(mysql -sN -e "SELECT COUNT(*) FROM information_schema.processlist WHERE DB IS NOT NULL;")
echo "MySQL Connection Count: $con_count"
```

> ➤ 编写备份 MySQL 数据库的脚本(backup_mysql_db.sh)。

```
#!/bin/bash

db_name="your_database_name"
backup_dir="/path/to/backup/directory"
mysqldump -u your_username -p your_password $db_name > $backup_dir/db_backup_$(date +%Y%m%d%H%M%S).sql
```

> ➤ 编写 Linux 系统发送告警通知的脚本(send_alert.sh)。

```
#!/bin/bash

recipient="admin@example.com"
subject="Alert!"
message="This is an alert message."
echo "$message" | mail -s "$subject" "$recipient"
```

> ➤ 编写自动屏蔽 Dos 攻击 IP 的脚本(block_dos_attack.sh)。

```
#!/bin/bash

log_file="/var/log/apache2/access.log"
blocking_threshold=100

awk '{print $1}' "$log_file" | sort | uniq -c | sort -rn | while read count ip; do
    if [ "$count" -gt "$blocking_threshold" ]; then
        echo "Blocking IP: $ip"
        # Add IP to firewall's blacklist
        iptables -A INPUT -s "$ip" -j DROP
    fi
done
```

注意：以上的脚本示例仅供参考，实际应用时应根据具体情况进行修改和调整。此外，FTP 务器可以使用其他可选方案，如 ProFTPD、Pure-FTPd 等。具体安装和配置步骤，请参考相应的文档或指南。

――――――――――――　素养园地　―――――――――――――

构建网络空间命运共同体：发展、安全与文明互鉴

当今世界变乱交织，百年变局加速演进。如何解决发展赤字、破解安全困境、加强文明互鉴，是我们共同面临的时代课题。互联网日益成为推动发展的新动力、维护安全的新领域，以及文明互鉴的新平台。构建网络空间命运共同体不仅是回应时代课题的必然选择，也是国际社会的共同呼声。我们要深化交流、务实合作，共同推动构建网络空间命运共同体迈向新阶段。

➢ 我们倡导发展优先，构建更加普惠繁荣的网络空间。
➢ 我们倡导安危与共，构建更加和平安全的网络空间。
➢ 我们倡导文明互鉴，构建更加平等包容的网络空间。

在当今世界，互联网已经成为推动发展、维护安全和促进文明互鉴的重要力量。作为大学生，我们需要认识到构建网络空间命运共同体的重要性，并共同推动这一进程迈向新阶段。

首先，我们应倡导发展优先，致力于构建更加普惠繁荣的网络空间。互联网为全球发展提供了新的机遇和动力，我们应该利用这一平台，加强信息共享，促进资源流动，推动经济发展和民生改善。同时，我们也需要加强对网络空间的监管和管理，保障网络安全和信息安全，维护国家和人民的利益。

其次，我们应该倡导安危与共，构建更加和平安全的网络空间。互联网是一个开放、

互联互通的平台，但也存在一些安全隐患和风险。我们应该加强网络安全防护能力，积极打击网络犯罪，防范网络恐怖主义，维护网络空间的和平与稳定。此外，我们还需要加强对个人信息和隐私的保护，防止网络侵权和侵犯个人权益的行为。

最后，我们应该倡导文明互鉴，构建更加平等包容的网络空间。互联网是一个多元文化的平台，各种文明和文化在这里交流与借鉴。我们应该尊重不同文化和价值观的差异，加强相互理解和沟通，推动不同文明之间的交流与合作。同时，我们也需要加强对网络空间的治理和管理，防止不良信息和有害内容的传播，维护网络空间的健康和文明。

作为新时代大学生，我们应积极参与构建网络空间命运共同体的进程。我们需要提升自身的网络素养和技能水平，加强信息安全意识和风险意识。同时，积极参与网络空间治理和建设的实践活动，发挥自身的专业优势和特长，为推动网络空间的发展繁荣与安全稳定贡献力量。

总之，构建网络空间命运共同体不仅是时代的要求，也是国际社会的呼声。我们应积极响应这一号召，深化交流、务实合作，共同推动构建网络空间命运共同体的建设迈向新的发展阶段。